创　意　服　装　设　计　系　列

李 正　丛书主编

箱包鞋品设计

胡晓　卞泽天　蒋晓敏　编著

化学工业出版社
·北京·

内容简介

箱包鞋品设计具有非常独特的魅力，本书立足于箱包鞋履基础知识的介绍，内容涵盖箱包鞋品设计简史、箱包鞋品设计的基本法则、箱包鞋品效果图绘制与技法表现、箱包鞋品设计元素表达、箱包鞋品生产经营管理等。

本书以时尚文化趋势为元素，以原创理念为驱动，以工艺技术为支撑，注重理论与实践相结合，图片精美，实用性强，既可作为高等教育及职业教育中服饰品设计类的专业教材，也可供箱包鞋品设计师和设计爱好者参考。

图书在版编目（CIP）数据

箱包鞋品设计 / 胡晓，卞泽天，蒋晓敏编著 . 北京：化学工业出版社，2024. 11. --（创意服装设计系列 / 李正主编）. -- ISBN 978-7-122-46416-3

Ⅰ. TS563.4；TS943.2

中国国家版本馆 CIP 数据核字第 2024G66N04 号

责任编辑：徐　娟　　文字编辑：沙　静　张瑞霞　　装帧设计：中图智业
责任校对：宋　玮　　封面设计：刘丽华

出版发行：化学工业出版社（北京市东城区青年湖南街 13 号　邮政编码 100011）
印　　装：北京瑞禾彩色印刷有限公司
787mm×1092mm　1/16　印张 10½　字数 225 千字　2025 年 1 月北京第 1 版第 1 次印刷

购书咨询：010-64518888　　售后服务：010-64518899
网　　址：http://www.cip.com.cn
凡购买本书，如有缺损质量问题，本社销售中心负责调换。

定　　价：68.00 元

服装的意义

“衣、食、住、行”是人类赖以生存的基础，仅从这个方面来讲，我们就可以看出服装的作用和服装的意义不仅表现在精神方面，其在物质方面的表现更是一种客观存在。

服装是基于人类生活的需要应运而生的产物。服装现象因受自然环境及社会环境要素的影响，其所具有的功能及需要的情况也各有不同。一般来说，服装是指穿着在人体身上的衣物及服饰品，从专业的角度来讲，服装真正的含义是指衣物及服饰品与穿用者本身之间所共同融汇综合而成的一种仪态或外观效果。所以服装的美与穿着者本身的体型、肤色、年龄、气质、个性、职业及服饰品的特性等是有着密切联系的。

服装是人类文化的表现，服装是一种文化。世界上不同的民族，由于其地理环境、风俗习惯、政治制度、审美观念、宗教信仰、历史原因等的不同，各有风格和特点，表现出多元的文化现象。服装文化也是人类文化宝库中一项重要组成内容。

随着时代的发展和市场的激烈竞争，以及服装流行趋势的迅速变化，国内外服装设计人员为了适应形势，在极力研究和追求时装化的同时，还选用新材料、倡导流行色、设计新款式、采用新工艺等，使服装不断推陈出新，更加新颖别致，以满足人们美化生活之需要。这说明无论是服装生产者还是服装消费者，都在践行服装既是生活实用品，又是生活美的装饰品。

服装还是人们文化生活中的艺术品。随着人们物质生活水平的不断提高，人们的文化生活也日益活跃。在文化活动领域内是不能缺少服装的，通过服装创造出的各种艺术形象可以增强文化活动的光彩。比如在戏剧、话剧、音乐、舞蹈、杂技、曲艺等文艺演出活动中，演员们都应该穿着特别设计的服装来表演，这样能够加强艺术表演者的形象美，以增强艺术表演的感染力，提高观众的欣赏乐趣。如果文化活动没有优美的服装作陪衬，就会减弱艺术形象的魅力而使人感到无味。

服装生产不仅要有一定的物质条件，还要有一定的精神条件。例如服装的造型设计、结构制图和工艺制作方法，以及国内外服装流行趋势和市场动态变化，包括人们的消费心理等，这些都需要认真研究。因此，我们要真正地理解服装的价值：服装既是物质文明与精神文明的结晶，也是一个国家或地区物质文明和精神文明发展的反映和象征。

本人对于服装、服装设计以及服装学科教学一直都有诸多的思考，为了更好地提升服装学科的教学品质，我们苏州大学艺术学院一直与各兄弟院校和服装专业机构有着学术上的沟通，在此感谢苏州大学艺术学院领导的大力支持，同时也要感谢化学工业出版社的鼎力支持。本系列书的目录与核心观点内容主要由本人撰写或修正。

本系列书共有 7 本，参加的作者达 25 位，他们大多是我国高校服装设计专业的教师，有着丰富的高校教学和出版经验，他们分别是杨妍、余巧玲、王小萌、李潇鹏、吴艳、王胜伟、刘婷婷、岳满、涂雨潇、胡晓、李璐如、叶青、李慧慧、卫来、莫洁诗、翟嘉艺、卞泽天、蒋晓敏、周珣、孙路苹、夏如玥、曲艺彬、陈佳欣、宋柳叶、王伊千。

李正

2024 年 3 月

前 言

中国箱包鞋品行业经过数十年的发展，已形成庞大的行业系统和经济体量。互联网时代背景下，科学技术、文化艺术、产业基础、社会形态、规划管理、生产方式以及商业模式发生了前所未有的深刻变革，从而促使箱包行业迅速转型升级，当下正是中国箱包鞋品的名牌战略和高端产业形成的关键阶段。

对于箱包鞋品设计师来说，现在既处于艰难的困境，又有潜在的发展机遇。因此，必须要坚定自己的创作信心，避免简单地对待和跟风，切忌在面对市场时恐慌地、功利地、矛盾地看待问题和处理问题，而要坚持用自己的原创精神来展现出与众不同的艺术创造空间。我们分析国外的箱包鞋品设计作品会发现，他们的思路是非常灵活和随意的，可能与设计师个人的喜好、经历甚至情绪等因素有关，可能完全是原创，也可能受到其他事物的启发。而这些创造性的心理活动和表达能力是大多数设计师具备的，也都有着独一无二的价值。

本书内容全面地覆盖箱包鞋品的发展历史脉络，以及生产流程中所涉及的核心知识点，内容组织上考虑兼容性，充分结合国际流行趋势及企业设计人员需求进行规划。本书撰写时注重对箱包鞋品设计师在时尚创意方面的设计开发能力的培养，以原创设计为基点，结合企业项目实际运行流程，以确保内容的可操作性。

本书由胡晓、卞泽天、蒋晓敏编著。本书在撰写过程中力求理论知识完善，实践工艺技术先进、翔实。但由于时间比较仓促，不足之处在所难免，请有关专家、学者提出宝贵意见，以便修改。最后感谢杨妍老师为本书出版做出了大量的工作。

编著者

2024 年 5 月

目 录

第一章
箱包鞋品设计简史

服饰设计包括服装、箱包、鞋品、配饰等一系列时尚产品的设计。在服饰的设计中，箱包设计与鞋品设计起着画龙点睛的作用。设计师通过巧妙的创意和精湛的工艺，将艺术性与实用性相结合，创造出满足人们日常需求的产品。如今，箱包和鞋品已是人们日常出行和展现个性品位的关键部件，箱包与鞋品的设计成为服饰设计中不可或缺的重要组成部分。

第一节　中国箱包发展历史

在中国历代服饰史中，有关箱包的记载非常少。中国的箱包发展是十分漫长的，发展的速度也十分缓慢，从史前至清朝变化都不是很大，直到民国以后，随着社会经济的进步及西方文化的渗入，才有了突飞猛进的发展。研究箱包的发展历史，对于现代箱包的设计和制作具有重要的意义。

中国的制革工业作为一门传统产业，在距今三四千年前的殷商、春秋战国时期就已经出现了。人类的祖先从披挂兽皮到有目的地将兽皮熟化，制成各种各样有待缝制加工的原料，是一个具有历史性意义的进步，从此皮革服饰的制作向更高层次发展。

一、中国历代箱包设计发展简史

中国最早的皮具箱包可以追溯到上万年前的新石器时代。当时的人类出现了部落分工，开始进入农耕时代，需要一些容器来存放农作物和工具等物品，于是简单的编织袋和兽皮囊应运而生。这些早期的皮具箱包都非常简陋，仅仅能够满足最基本的储物需求。

夏商周时期的皮革不可随意穿用，主要是给军队制作铠甲、战靴等。由于皮革耐磨挺括，具有极佳的防风御寒性能，在古代人们生活中常用于缝制帐篷、毯子和床褥，而很少用于日常穿着的服饰当中；当时皮革在军事上主要用来制作铠甲、战靴、盾牌、弓箭、剑鞘、马具、战鼓等，甚至地图、货币都由皮革制成。“甲”最初以厚犀牛皮和野牛皮制得，后来普遍采用水牛皮做里层，外层挂满用皮条穿连在一起的铁甲片，交错排列形成鱼鳞状，箭弩无法透过，十分牢固。在湖北江陵发现的春秋战国时期的皮甲是由两层皮革合成的，上面有孔和残留的小皮条。在长沙出土的春秋晚期的皮甲，由两层皮革用皮条缝缀而成，结实厚硬难以刺破。因此，皮甲不仅是当时皮革性能优化的体现，也是统治者集权的象征，通过其发展和应用可以追溯古代军事和皮革技术的发展历程。

春秋战国时期的包袋又称为“荷囊”“持囊”，用来盛装零星的细碎物品，可手提或者肩背。

新疆曾经出土一件用羊皮做的荷囊，外观为长方形，长 6.7cm，宽 3.7cm，上口部用一根绳系紧。在当时还出现了以牛皮做内胎的漆盾，具有很强的实用性，而且大大促进了皮革表面涂饰技术的发展。战国中期以后，流行在漆器口沿、底部、腹部等部位镶套铜箍、铜扣，加固器身的同时具有一定的装饰美化作用，这种装饰手法一直到现今依然应用在箱包设计上。春秋战国时期染织业发达兴旺，为皮革染色提供了丰富的经验，皮革从此告别了单调的棕黄、棕黑，开创了多彩的世界，为后世的皮革服装、包袋、鞋靴等服饰品的设计和制作提供了丰富多彩的皮革面料。

汉武帝时期，可在白鹿皮上饰以彩画，作为货币在市面流通。当时已经具有相当高超的染色技巧，不但可以在皮革上染色，还可以将毛皮染成各种亮丽的色彩，用以制作彩色毛皮衣饰供皇室冬季保暖。毛皮质轻，手感柔软，保暖性极佳，而且外观奢华富丽，深受皇族喜爱。汉代官吏有佩印的习惯，将小小方寸印章放在丝绸制作的印囊中，佩挂在腰带上，实用又美观。而当时的人们觉得荷囊总是提在手上不方便，于是将荷囊挂在腰间，称为“旁囊”，从此民间有了在腰间佩包的习惯。

魏晋南北朝时期，在服饰的装饰方面有在皮革腰带上佩挂各种饰物和小囊的习惯。在《三国志·魏书》中记载，曹操的腰带上就佩挂丝质小囊，用以盛装手中的细软之物。此时的包袋以小型为主，而且多由纺织物制成。贵族用丝绸为面料，其上装饰绣花或宝石等物；而民间多采用棉或麻为主要面料，装饰少量绣花或没有装饰（图 1-1）。

唐代的服饰佩挂也非常讲究。唐代壁画中的包袋与现代包袋已经非常相近了（图 1-2）。武则天掌管朝政以后，规定有佩龟的服制。唐书《舆服志》记：“中宗初，罢龟袋，复给以鱼。郡王、嗣王亦佩金鱼袋。景龙中，令特进佩鱼，散官佩鱼自此始也。”鱼袋、龟袋是指鱼形和龟形的袋子，意在长命百岁，吉祥之符。唐代男人还有身佩香囊的习惯，随走动而香气四溢。可见，在腰带上佩挂饰物也是当时的时尚之举。

图 1-1　腰间佩挂的小囊

图 1-2　唐代包袋
（敦煌莫高窟第 17 窟“近事女”壁画局部）

宋代开始出现了荷包（图 1-3），也就是现今的钱包，多以丝绸为材料制作而成。宋朝官服有佩戴鱼袋的规定，只有着紫色和绯色官衣者，才能佩挂金银装饰的鱼袋，以区别职位的高低。在中国的千年古文明中一直推崇儒家文化，遵循君臣父子尊卑、长幼有序的教化道德观。这种上下有序的文化观体现在服饰上，即自古以来崇尚服装制度，并借服装的形制、色彩、服章等以区别阶级，维系伦常。

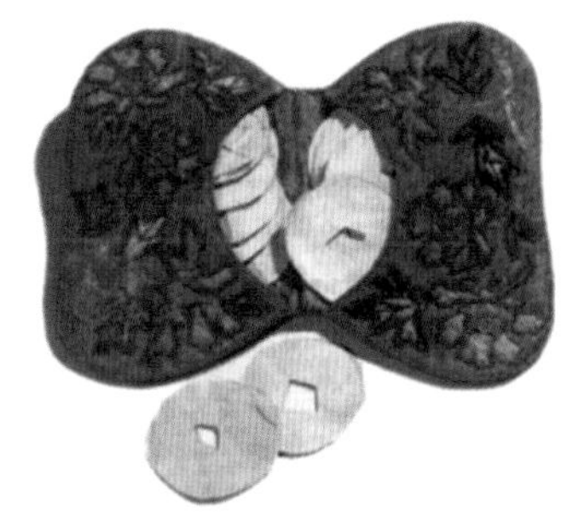
图 1-3　南宋周氏墓出土的刺绣荷包

宋、元时期，原来生活在北方以游牧为主的少数民族把北方的家畜带到南方各地，促进了中原以南广大地区饲养业的发展，从此中国的皮革制造业发展更为迅速。著名的珍贵湖羊羔皮就是在宋朝以后培育出来的。在宋朝，管理皮革设有皮角场，隶属于军器监。到元朝时开始利用植物鞣料鞣制皮革，在北京设有供给军用的毛皮、皮革加工厂，并设有甸皮局，生产红甸羊皮。至此，中国的皮革制造业规模较大，产品品种多样，色彩丰富。明朝时期中国制革业在前朝的基础上已经发展得相当成熟，皮革品种多样，材质手感更佳，适合制作各式各样的服饰品。明末科学家宋应星在《天工开物》中写道："麂皮去毛，硝熟为袄裤，御风便体，袜靴更佳。"从此以后，皮革才真正用于民间日常服饰。明代女装修长窈窕，款式变化多样。明代女子手中出现了刺绣装饰的小手袋，盛装一些常用的物品，可以说这种小手袋是由荷包演变而来的。手袋采用粗布或丝绸面料，用绳带系紧袋口，袋上的装饰和刺绣具有非常强烈的民族特色。明代箱的设计富于民族特色，造型稳重大方，结构设计合理而巧妙，制作精美，多采用紫檀、红木、花梨等优质硬木，舍弃繁缛雕琢，充分利用材料本身的天然色泽和优美的生长纹理，线条流畅，注重装饰美，使形式与功能完美结合，是中国箱包设计史上的杰作。

清代服饰变革是中国两千余年君主集权制中一次大的服饰变革，也是最激烈的服饰变革，清代虽然基本延续明代的服饰种类，但在服装形制上尊崇满制。清朝服装形制的变化，是清代政府强制推行完成的，数千年宽袍大袖拖裙盛冠，一朝变成了衣袖短窄、衣身修长的旗装，使中国服饰向现代服饰迈上了一大步。清代还出现了各式各样的荷包（图 1-4）。河北辛集皮革业在明清时代就中外闻名，有"辛集毛皮甲天下"之美称。而据乾隆二十五年的《银川小志》中记载："宁夏各州，俱产羊皮，灵州出长毛麦毯，狐皮亦随处多产。"说明当时中国毛皮制造业跨域辽阔、产量丰富。清朝后期，中国的皮革工业开始进入兴盛时期，

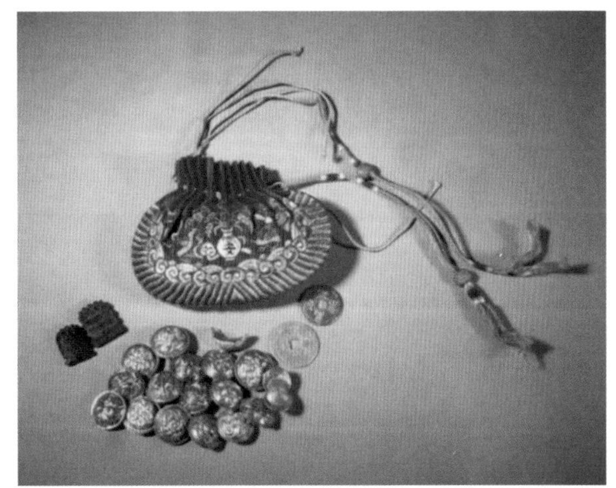
图 1-4　清代馈岁荷包

质量精良，远近驰名。而且中国皮革也开始出口，在清朝光绪年间中国海关已开始转由香港开展皮革口岸贸易，远销日本及欧美多国，开创中国皮革进出口贸易之先河。

光绪末年，女性流行在衣襟上佩挂用丝绸制成的眼镜袋（图1-5）等化妆用品。因为当时水银镜面刚刚发明出来，小化妆镜是当时最为时尚的女性用品，大家闺秀和贵妇都争相佩戴此物。当时的女性也流行在衣襟上佩挂装香料的小香囊，随走动衣裙飘香。这种佩戴香囊的时尚在现代仍然留有痕迹，人们用布做面，内覆硬衬做成各种形状的小香囊，其上缝缀金银饰物，戴在孩子的颈上或悬挂在室内，以表达对吉祥美好生活的追求。

图 1-5　清代平针绣凤穿牡丹官上加官纹眼镜袋

因此，在漫长的历史发展中，包袋和服装是紧密联系、密不可分的。中国包袋设计造型变化不大，以中小型软体结构为主，材料和装饰图案具有明显的时代痕迹。由于服装的宽大造型，使得盛装随身细物的口袋能够藏在服装的内部，小型包袋多用于女性装饰自身或装饰闺房的饰品，出门或需装较多物品时，可使用包袱或褡裢。清朝后期，中国服装造型变得贴身可体之后，包袋就有了单独设计的必要。而且随着社会经济的发展，异地差旅的频繁，女性不再像过去那样“大门不出，二门不迈”，而是走入社会并担当重要角色，从而促使中国的箱包设计真正进入快速发展时期。同期，由于中西口岸贸易的加强，西方生产的箱包产品逐渐流入中国民间，成为追逐新潮服饰的贵族女性的宠儿，也为中国箱包设计制作发展提供了大好机会。

二、20 世纪中国箱包发展演变

（一）民国时期：中西服饰文化融汇的新审美观

20 世纪初，中国与西方在经济贸易上交流合作十分频繁，西方的艺术设计和审美文化对中国民众的影响巨大。因此，20 世纪初中国服饰是在中西方交流基础上变化的，是中西文化融汇带来的巨变和发展。西方同期的服饰文化和艺术设计特征是中国服饰艺术变革追踪的热点，发展的轨迹和模式是当时中国学习的榜样。对于西方而言，20 世纪也是西方工业社会艺术设计逐渐走向成熟的时期，是西方服饰设计风云变幻的时期。这一时期的艺术设计因两次世界大战而划分为两个截然不同的阶段。

20 世纪初的中国，社会的动荡与连年的战争，并没有毁灭人们对服饰美的追求。由于西方政治文化的大肆入侵，中国社会服饰发生了巨变。20 世纪初期中国的服饰变化是在战争与和平中演绎发展的。伴随资本主义工商业发展和外来文化影响，现代文化和外来文化在缓慢融合。首先接触和接受外来文化的中国民众，在一定程度上产生了反“传统”的消费倾向。一部分有一定经济能力又追求新观念的人开始通过一种与传统中国消费模式完全不同的方式来展现自己的生活品位，一些与中国传统消费方式和文化有很大差异的资本主义生活方式开始在中上收入阶层流行。他们通过中西合璧的着装风格及采纳西方消费方式以促进和发展自我概念，显示“新潮”，迎合中国当时的变革背景。中西融合的消费价值观开始对社会主流文化形成影响，中西服饰逐渐融合形成新的主流服饰文化。

清末民初，一系列重大政治变革都对清朝的服饰制度进行着一定程度的改变，甚至颠覆，不断改造或重塑着中国民众的穿着形象，极大地影响着中国服饰历史的发展演变。1911 年辛亥革命成功，孙中山倡导中山式男装，中山装为中国现代服装史上最成功的民族化男装。民国元年，民国临时政府将西式服装大胆地引进国内，随着政治的强制和时间的展开，中国人逐渐接受了来自西方的文化渗透。在东西方服饰文化的不断撞击下，西方服饰因其简便实用而逐渐被国人接受。社会经济发展促使都市女性走出闺房投身社会，由于工作的需要，服饰的缝纫方法日益简化，面料上的装饰也逐渐被面料本身的花色所取代。受西方女式衣裙的影响，中国女子服装也流行紧窄时尚，显露女性的曲线身材，而且活动方便。“五四”新文化运动使青年女子服装更趋简约朴素，衣衫狭窄修长，黑色长裙相配，袄裙不施绣文。女子服装借助共和革命之力，迅速推进了服饰简化运动。

此时长衫、马褂或马甲依旧是国人常服，但穿长衫的年轻人以穿着三节头式皮鞋为时髦。比较前卫开放的当数年轻的女学生，流行的穿法是身穿旗袍式校服，青春活泼而且端庄大方。1932 年之后，旗袍流行花边装饰而更显妩媚，下摆长及脚踝或膝下部，穿高跟鞋方可行走，开衩旗袍是现代改良旗袍的重要标志。随着抗日战争的爆发，旗袍又缩短至利于行走之长度；袖型细窄合体短至肘上。1937 年以后，旗袍的袖长更是缩至肩下两寸（1 寸=3.33cm，下同），甚至几近无袖。由此，形成民国典型服饰形象，造就了中国现代服装史上的一页辉煌。这种变化是传统的伦理观念文化向现代审美文化发展转变的表现。

随着封建专制制度的彻底结束，上海、天津等沿海城市的文化特征与审美追求呈现出多元化趋势，服饰西化特征非常显著。中西混合式穿戴在 20 世纪 30 年代大受欢迎，都市女性喜穿西式服装成风。不论女子穿戴何种新装，搭配手中拎提或肩背的挎包都是时尚的装束，包袋的面料为天然皮革或纺织物，造型上以简洁的几何形状为主，基本没有花边蕾丝等装饰。30 年代的男士十分讲究绅士风度，典型的绅士形象是：西装革履，头戴礼帽，手拿手杖，眼戴金丝眼镜，蓄西式胡子，手臂里夹一个皮革公文包。至于女子的饰品更是琳琅满目，头饰、化妆品、首饰、帽子、围巾、手套，还有各式手袋，皮革手袋是当时最为流行的饰品。此时，西方的生活方式也渗透进中国，大都市女子频繁出入交际场合，合体着装更为流行。同时，也使晚礼包得以粉墨登场。晚礼包大多采用皮革和丝绸为面料，其上缀饰金光闪闪的饰物，外表十分华丽。同期，随着服装的变化，与其搭配的包袋纷纷面世，包袋的种类繁多、造型各异，材料的变化、几何造型的变化以及金属配件的风格构成了这一时期包袋设计的特色，而中国传统的装饰手法却逐渐退化，民族特色逐渐被西式风格所取代。

民国时期中国服饰发展从引入西方服饰，与中西服饰纠缠争斗，西方服饰逐渐占据上风，到西方服饰以强劲之势压倒中国服饰。在不断地争斗和抵抗中，西方服饰文化和服饰设计强势登陆中国。同时，这也说明了另外一个问题，那就是随着时代的进步，人们的思想发生了翻天覆地的变化，旧的服饰文化受到了强烈的挑战和冲击，由此带来服饰现象和服饰时尚的大转变。这种转变也体现着历史的必然性。中西服饰的争斗和演变，也说明了在中国人民心中求新求变的审美欲求亘古未变。

（二）中华人民共和国成立初期：朴素的审美意识

中华人民共和国成立后，由于经济刚刚起步，党中央号召全国人民勤俭节约，建设社会主义事业。受社会经济条件制约，民众服装整体上表现出朴素、整洁、统一和保守的特点。人们的穿衣打扮与革命紧紧地联系在一起，列宁装、人民装、中山装成为当时最时髦的三种服装。这既体现出人们着装上的实用性、审美性、追赶时髦的特点，又反映了中国当时的国情。艰苦奋斗和集体主义作为时代精神渗透于服饰观念之中，简朴、实用成为服饰的主流。

20 世纪 50 ~ 60 年代，人们使用的包袋通常以布包为主，基本都是同一种款式：长方形造型，中间设计 3 ~ 5cm 的厚度，包袋上部缝制两个提手。用单色素面棉布制作较多，男女通用。有特色的是用不同色布拼接而成的包袋，当时把布剪成三角形、长方形，是几何装饰图案设计手法的先驱，不同颜色的拼配还会形成许多的配色效果和花形图案，可以说是那个时代非常别具一格的饰品。皮包在当时基本是属于国家公职人员的，由于皮革产量和成本的限制，多以人造革面料为主。经典的款式为：长方形造型，色彩基本是黑色，扇面上口处缝两个提手，拉链式开关方式，多是银白色金属拉链，无论出差还是上班、无论男女都使用这种包。后来，流行在包的两侧装配上背带，变成了背提两用包袋，应用更为广泛。当时还有一种流行的箱包是“赤脚医生”的医药箱，由红棕色皮革制作，外观方正，里面盛装医药器具和常用药品，这是那个时代革命形象的一部分，也是许多人向往的时尚单品。

20 世纪 50 年代后期，上海服装公司推出《服庄》专集。该书设计了 180 多款服装，其中多款设计涉及女包。如图 1-6 中女性手拎红色小型皮包，前后扇面加包盖设计，简洁大方，与身上的波点旗袍、红色外套搭配和谐；另一款是如图 1-7 中穿着黑色职业女服套装的女性臂挽着一个黑色手提包，采用硬结构包体，双提手设计，风格干练。这两款设计都与第二次世界大战期间欧洲流行的女包十分接近，表达了一种实用、简便、大方的时尚理念。在图 1-8 中的系列服装款式中，融入中式立领、滚边、收腰、镶边盘扣、褶皱大摆裙、对襟等时尚元素，多款服装都搭配有拎提皮包，说明人们对皮革包袋的重视。

图 1-6 《服庄》专集（一）

图 1-7 《服庄》专集（二）

图 1-8 《服庄》专集（三）

（三）20 世纪 60 ~ 70 年代：社会审美观统治意识

农民、工人、解放军是当时中国社会的中坚力量。服饰审美在原有的艰苦朴素、勤俭节约的思想风尚中，又增添了浓烈的革命化、军事化色彩。

对于包袋而言，当时最流行绿色军挎包，是“革命”的标志（图 1-9）。挎包的两边缝制编织带作为背带，安装可以调节长短的方扣，材料为军用帆布。到了 20 世纪 70 年代中期，也有用人造革面料制作军挎包，公职人员中依然流行前几年的黑色皮包。

图 1-9　军挎包

那时衣箱品种较多，按使用材料分有皮箱、人造革箱、帆布箱和塑料箱四种；按用途分有旅行箱、家用箱和公文箱三大类；在结构上又有硬箱和软箱之分，生产工艺已经有了模压一次成型技术。硬箱采用 ABS（热塑型高分子材料）或其他耐热、耐压、机械性能好的塑料制造，坚固耐用，硬度大，弹性强，美观大方。软箱面料主要是聚氯乙烯人造革和聚氨酯的泡沫人造革及合成革，手提为主，轻便美观。

同期的箱设计也少有变化，20 世纪 60 ~ 70 年代的硬皮革衣箱主要是国家公职人员出差时使用；普通群众出差或走亲戚时，主要拎提一个较大的黑色或灰色旅行袋，面料为条纹或光面素色人造革，一般是银色金属拉链，包外附设一到两个拉链袋，唯一的装饰就是在提包的前扇面上印刷“北京”“上海”等中文和拼音字样以及地球、卫星等简单图案（图 1-10）。家用衣箱多用木材或皮革制作，体型比较大，长方形造型，有时在四角略带一点圆势，多采用对口式开关方式，弹子式合页锁，为了巩固使用强度，有时还会在箱体的两侧安装箍紧皮带，带头固定金属卡扣。内部衬有棉质平纹布衬里，箱盖衬里中间设计一个松紧带口袋，箱体腔设有箍紧带扣。家用衣箱整体设计以实用功能为主，美观装饰设计基本被忽视。20 世纪 60 年代，由于猪皮、羊皮服装革迅速减少，几乎没有供应，故多以人造革作为替代原料。

图 1-10　圆角旅行包

（四）20 世纪 80 年代：率先表现在实用性和多样化

20 世纪 80 年代初，美学研究恢复了生机。服装业是反映改革开放首当其冲的窗口。经济的空前繁荣和观念的多元化，使服饰设计和生产发生了巨大变化。在思想解放与国民经济发展的前提下，人们追求新异的审美心理发展迅速。风格多样、色彩斑斓、求新求变，成为新时期服装流行的特点，对中国服装美学的演变和审美文化的构建起到了巨大的推动作用。

20 世纪 80 年代的中国越过了西方 50～60 年代，直接承接了西方 70～80 年代的时尚特点，箱包设计变化与国际接轨，箱的设计完全可以纳入工业产品设计行列，呈现大规模生产，产品系列化的生产模式。而包袋设计也紧随服装时尚而变化，具备典型的多样化、时尚化特点。在箱包设计上，现代艺术设计的各种流派如立体主义、未来主义、表现主义等都有所体现。抽象艺术的几何形式手法，特别是具有现代特征的机器美学应运而生，对现代箱包设计的发展起到了重大的推动作用。

机器美学是以简单立方体及其变化为基础的视觉模式，强调直线、空间、比例、体积等要素，抛弃一切附加的装饰，提倡以科学性取代艺术性，而形的简化逐渐成为设计最为普通的手法，它们使设计完全摆脱古典艺术的禁锢，使箱的设计生产飞跃发展成为现代大工业的一员。

1. 箱的设计

因为箱包产品属于服装配饰，通常首先发展服装主体，因此箱包设计总的发展变化略落后于服装时尚。20 世纪 80 年代的箱包设计仍然以实用性为主，最主要的设计变化体现在产品品种的丰富多样上，而在产品的细节设计和装饰美化上还有些滞后。

（1）公文箱（密码箱）。公文箱在 20 世纪 80 年代末开始流行，主要应用在商务上，是一种正装箱（图 1-11）。其设计也稳重大方，内部有分装公务资料的隔层和笔插、眼镜袋等设计。

其内部隔层有一定的变化，非常方便分类存放物品。当时，身穿一身西装，手提一个公文箱是商务人士出差的标准装束，是成功人士和商务人士的典型形象。

（2）手提旅行软箱。在中国经济迅速发展的同时，人员和物资也随之大量流动，以前的灰色旅行袋已无法满足差旅需要了。1986 年前后，手提旅行软箱问世（图 1–12）。旅行箱前、后面一般是软体材料，箱子的侧面即箱墙，由金属框架在内部衬托而成，是箱子成型的部位。这类箱子大小适中，可以采用人造革、塑纺面料制作，成本比较低。箱上设有提手和拉手，箱底有时会装设橡胶轮子。使用时既可以提拿，也可以拉动拉手使箱子向前滚动。其内部结构中比较重要的是拉链袋和固紧带设计。它的颜色多为黑色、蓝色，如是人造革箱的话，还有棕色和棕黄色等颜色变化。

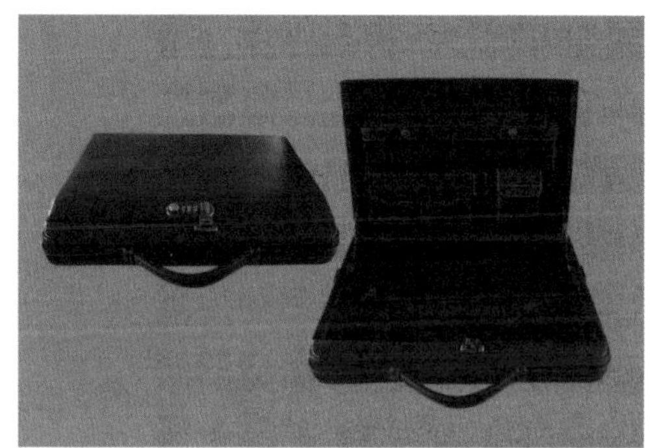

图 1–11　公文箱（密码箱）

图 1–12　手提旅行软箱

（3）旅行拉杆箱。由于差旅便携的需要，1988 年前后，旅行拉杆箱成为箱消费市场的新星（图 1–13）。一般拉杆箱的组成结构分为两大部分：一部分是拉杆、底座、走轮部分；另一部分就是箱体。拉杆和走轮部分是拉杆箱实现迁移的主体部分，拉杆有 2～3 档长度调节控制，且连接点连接牢固，调节拉杆长度方便自如。箱体基本的设计包含上部和侧部的提手各一个、主箱体、箱体内部设计一个拉链袋或松紧带、一对固定物品的固紧带。至于其他的变化根据设计风格和使用目的来进行，尤其是箱体外侧的设计根据设计要求不同变化非常多。箱体材料以塑纺材料和皮革、合成革类材料为多，由于内部填充板材、硬纸板等硬性材料而呈现硬挺的外表，成为硬箱。其颜色主要是棕色、棕黄色和黑色。

（4）ABS 彩色拉杆箱。ABS 彩色拉杆箱在 20 世纪 80 年代末期开始流行，由于其色彩鲜艳，箱体一次成型，ABS 塑料耐高温、防水、耐磨的使用特性，使这种箱子非常受欢迎（图 1–14）。80 年代的 ABS 彩色拉杆箱以长方形造型为主，四角圆势比较小，一般在 6cm 之内。主要颜色是蓝色、黑色、灰色、红色，而黄色、橙色等色彩较为少见。但 ABS 彩色拉杆箱也存在一些不尽如人意的地方，比如箱体材料不耐摔，摔后易产生裂纹甚至破损，不能使用；不耐日晒，在光照下容易褪色等。ABS 彩色拉杆箱的设计变化也非常多，尤其是箱面的凹凸条纹和装饰图案的设计，更是使 ABS 彩色拉杆箱深受年轻人的喜爱。

图 1-13　旅行拉杆箱

图 1-14　ABS 彩色拉杆箱

2. 包袋设计

20 世纪 80 年代初，中国的包袋设计刚刚起步，包袋的款式较少，设计变化还不太丰富。到了 1985 年以后，尤其是女包变得更加多彩一些。当时，中国的经济发展还不能满足包袋与服饰的成套搭配，往往是一个包袋要搭配一年四季的服装，因此包袋的耐用性、实用性和颜色的可搭配性要求十分突出。

（1）女式包袋：进入时尚配饰行列。流行时尚往往是从女性用品开始发展起来的，女式包袋也充当了时尚先锋的角色。20 世纪 80 年代初，人造革女包大热，当时流行的女包分为单背带和双背带，造型多为长方形，女包四角为圆角设计，线条比较流畅，个体大小适中。其颜色由原来的黑色、军绿色开始变得多彩起来，咖啡色、黄色、绿色、红色、米色等都开始流行，尤其是拼色设计非常受女性的欢迎。配色时主要采用对称手法，色块较大，通常主体色为深色，应用浅色拼配，以形成跳色效果。

（2）少数民族布包：时尚盛行。改革开放后，爱美的女性对时尚的追逐非常迫切，由于此时包袋设计还不够丰富多彩，而少数民族的包袋丰富艳丽，民族装饰的魅力和多变成为女性时尚的选择。云南彝族撒尼人包（图 1-15）就是当时十分流行的款式，还有贵州民族风手绘蜡染蓝染刺子绣工艺包袋（图 1-16）也很受当时女性的喜爱。

图 1-15　云南彝族撒尼人包

图 1-16　贵州民族风手绘蜡染蓝染刺子绣工艺包袋

（3）水桶包：备受年轻人喜欢。1984 年前后，由于迪斯科舞蹈在全国掀起热潮，年轻人去舞厅喜欢个性出新，常背提一个水桶包，包体造型为圆筒形，包口用抽绳抽紧，通常用皮革、人造革、发光人造革、细帆布、牛仔布、牛津布等材料制作，在表面用铆钉、金属片装饰。这种包的背提效果十分青春帅气。

（4）男士包。20 世纪 80 年代，男士的包袋款式非常少，公文包是 80 年代最为时尚的男士用品。公文包材料选用人造革或真皮，色彩为黑色、棕色、棕黄色，少量是灰色等。公文包造型主要是长方形，包体造型简洁大方，表面无多余装饰，内层较多，一般分类存放文件。有手提式、肩挎式和夹带式三种，手提式有把手，造型较多，夹带式无把手。正装公文包更多地适合在正式场合使用，一般用皮革制作，多为黑色或深色系列。

（五）20 世纪 90 年代：时尚性能日趋重要

20 世纪 90 年代，世界进入知识经济和信息技术大发展的全新时期，服装界呈现出多民族、多文化、多风格、多品牌化的局面，所以服装审美也出现多风格化态势。而流行代表整个社会的审美取向，流行趋势的发展是一个从无序到有序，从个性到共性的过程。由于服装流行的方向变得无拘无束，将包袋设计引入多样化格局，公文包、休闲包、购物包、宴会包、化妆包、晚礼包等时尚包款令人眼花缭乱，强烈吸引着大众的前卫消费，包袋设计由此进入功能化时代，开拓了现代包袋设计的装饰性与功能性并重的新时代。在眼花缭乱的服饰变化大潮中，包袋成为服饰整体设计的一部分，包袋的设计变化完全融入服饰设计的整体规划中，每一次服装的变化，必将带来包袋设计的变化，何种风格的服装搭配何种风格的包袋才是和谐之美、艺术之美。

1. 箱：居家旅游的时尚

（1）公文箱。公文箱（图 1–17）的尺寸一般是可以容纳 14in（1in=2.54cm，下同）或 15in 手提电脑，尺寸依据是横放 1 张标准 A4 纸，竖放 2 张标准 A4 纸。一般公文箱有 4 个横向夹层，由搭扣皮带固定，并可根据所放物品厚度调节夹层厚度，还有 2 个带盖夹袋、1 个拉链袋、1 个小插袋。

旅行拉杆箱是出门旅行时的常用物品，设计时尚，款式多样，可展现个人的个性魅力和时尚品位，深受各界人士的青睐。硬箱多采用硬质材料，如木材、竹子、ABS 工程塑料等，或箱体中间采用硬质内衬使箱体变得硬挺，箱子的硬衬材料有金属、木板、纤维板、硬纸板等材料。拉杆走轮部分是拉杆箱实现迁移的主体部分，设计趋势是质量超轻，底部 360° 万向轮设计，而且可以自如上下楼梯。拉杆结实，轻便耐用，而且抽提自如。

图 1–18 中的旅行拉杆箱是典型的款式，设计非常实用。在箱体外部有两个拉链外袋，下部的外袋容积比较大，可以分开放置一些携带物品，而上部的外袋较小，一般装随身的小物件。ABS 彩色拉杆箱自 20 世纪 80 年代后期进入市场以来，造型以方正为主。90 年代中期以后，拉

杆箱体四周的圆角设计多了起来，而且还出现了大于 10cm 的尺寸设计，箱体外形十分流畅圆润，符合国际上流线型设计的流行理念。

图 1-17　公文箱

图 1-18　旅行拉杆箱

（2）化妆箱。随着女性化妆时尚的深入人心，化妆箱逐渐成为社会热点，款式也多了起来，如上下双层、多隔层设计、折叠设计等（图 1-19）。

图 1-19　化妆箱

2. 包袋：包罗天下

20 世纪 90 年代的包袋设计变化更为复杂，作为一种时尚配饰与服装时尚迅速靠拢。走在时尚前沿的人们对包袋的要求越来越高。

（1）时尚女包。时尚女包与女性的生活息息相关，女性在上班、购物时都要背提包袋。20 世纪 90 年代初期，女性的包袋以中小尺寸为主，包体多为半硬或硬结构，以方形造型为主，风格端庄大方，四周圆角设计，阳刚中透出女性的温柔。1993 年前后，市场上流行半圆形造型女包，女性感更强。

到了 1994 年以后，开始流行较大尺寸的包袋，而且包体是软结构的。较大的包体容纳空间大，可以装下许多随身的物品，甚至逛街购物都可以使用，受到女性的强烈欢迎。20 世纪 90 年代中后期，女包的时尚变化非常快速，各式各样的女包成为女性服装配饰的佼佼者，女包的款式丰富、风格多样，可以说是 90 年代女包变化的缩影。

（2）经典男包。20 世纪 90 年代，男包的变化比女包要少得多。归纳起来主要有三个代表性设计:“大哥大”包、公文包和单肩背包。

“大哥大”包是当时最具特色的男包，开始时是为装盛“大哥大”而设计，后来成为男士手包的前身。它的包体为长方形造型，拉链开关方式，包袋侧部装有提手供提拿使用。早期主要是拥有“大哥大”的人使用，1995 年以后，男士基本人手一个，成为“街包”。20 世纪 90 年代后期，逐渐淡出人们的视线。

公文包是 20 世纪 90 年代十分流行的男士用包，由于当时许多男性供职写字楼，出入写字楼的标准服饰是西装革履，手提公文包。公文包的种类和款式开始有了些许变化，出现了正装公文包、休闲公文包、简易公文包等。

男式单肩背包有皮革和塑纺两种面料之分。造型以方正为主，有包盖和拉链两种开关方式，风格较公文包休闲，一般受到经常出差的男士喜爱。

2000 年以后，箱包的发展十分迅速，随着国际奢侈品牌的纷纷进入，国内箱包市场呈现了多元分化的状况。箱包的设计也更具多样化、时尚化的特点。时尚品牌的主题设计是近年来非常主流的设计理念，通过不同主题的充分演绎，可以塑造出风格各异的时尚产品。皮革产品可以运用的设计主题非常广泛多样，比如环保绿色、自由呼吸、热情奔放、美好家园、畅游世界、民族风情等，也可以某种社会现实或重大历史事件为主题，最重要的是设计主题要与现今社会文化意识和当季流行时尚保持一致性，使设计主题符合社会大众的审美感受，才能被市场和消费者认可。设计源于生活且高于生活，所以一个主题的设计元素要经过精湛的艺术加工和提炼，才能运用到产品的设计实践上。

21 世纪，艺术设计更注重在深层次上探索设计与人类可持续发展的关系，随着世界经济文化和科学技术的一体化格局的出现，设计不再是某一个具体的地域性行为，而是被赋予了更为宽泛的领域和全球化的意义。新世纪，古老皮革悠久的历史文化内涵得到最大程度的释放，糅入现代设计技法的皮革服饰设计已经进入多元化设计阶段。皮革时尚将会更加追求个性和与众不同，展示着服饰设计的无限魅力，皮革材质的时尚艺术和新面料的不断问世带来无限广阔的设计空间，多种不同质感面料的有机结合使设计更富现代都市风情，焕发出耀眼的光彩。

第二节　中国鞋品发展简史

“千里之行，始于足下”，出自春秋末期老子所著《道德经》六十四章，用来比喻大的事情要从第一步做起，事情的成功都是由小到大逐渐积累的。人要走路，必须穿鞋。鞋是人们为了保护脚部免受外界伤害、便于行走和御寒防冻而穿用的兼有装饰功能、卫生功能的足装。鞋子虽然只占人们服饰很小的部分，而且处于不受人注目的“最下层”，但其作用非同小可。由此可见，鞋在人们的日常生活中是何等的重要。

一、鞋品的起源与生产劳动的关系

纵观人类文明史，服装与人类的关系密切。服装既是人类生存中必不可少的物质条件，又是人类重要的精神体现。无论在东西方，还是在古代或当代，服装的演变直接反映人类社会的政治变革、经济变化和风尚变迁。同时，服装的发展在受到人类物质生产方式制约的同时，也受到人类社会生活和精神生活的影响。正是在这种相互作用中，人类服饰的发展变化充分显示出其具有普遍意义的特征：即“人类创造了服饰，服饰也塑造了人类”。服装与人的身心一体，成为人的“第二皮肤”。依照中国古汉语专家何九楹先生的观点，服装包括“头衣”“体衣”和“足衣”，其中“足衣”（鞋履）是服饰中至关重要的组成部分。

从几百万年前至四五千年前的原始社会时期，人类从裸态生活进步到利用兽皮、兽骨、兽牙制作服装和工具，再进步到利用动物、植物纤维来纺织缝纫编织衣物，逐步实现从蒙昧、野蛮进入文明时代。服装的产生与发展，伴随着人类的文明进步，至于准确的产生时代，目前还不能划定一个具体的时间，只能大致判定在旧石器时代晚期。而真正意义上的纤维织物服饰的产生大约在 1 万年前。原始社会服饰的兴盛期应是距今约 5000 年的新石器时代后期，当时的原始社会已处于父系氏族公社阶段，纺织技术有所发展，纤维材料更为丰富，人类已经普遍穿着纤维织物的服饰，在自然与社会中生存交往。各种纤维材料在人类服饰中的使用，从根本上改变了人类的衣着状况，也对人类文明做出了巨大贡献。而新石器时代晚期纺轮的出现，进一步加速了服装的发展（图 1–20）。

图 1–20　红山文化纺轮

作为人类服饰重要组成部分的鞋履，其起源同样并非偶然。在漫长的人类劳动和生活中，诸多因素激发了人类对鞋履的需求，而鞋履的出现，在满足不同地方、不同人群需求的同时，其款式日益丰富。

当原始经济处于渔猎与采集阶段时，人类从劳动中认识到自然界中不同物质的不同特性及其功能，如硬果有壳、动物有皮，食用时必须先破壳、后剥皮，从而较早发明了砍砸切割工具。这说明工具产生的初始阶段，其主要目标是使生活劳动便利化，后逐渐过渡到实用与美观的统一。如与鞋履有关的工具——骨针，其发明源于人类类似缝纫的行为，只因当时缝纫不便，才发明了这种以孔引线的穿刺物，而发明之初，也许经历了无数次的失败，才用原始工具制作出精巧的骨针。

鞋履产生的初始动机主要在于保护功能。经过几百万年的进化，原始人在劳动中已经具备基本的自我保护本能，不再局限于仅仅依靠原始的衣物来保护身体。正如恩格斯认为，蒙昧时代是以采集现成的天然物为主的时期，人类的制造品主要是作为工具而辅助采集。据此可知，鞋履的原始功能同样是作为辅助工具，在方便采集的同时，节约时间与劳动力。

人类对鞋履的认识与创造，经历千万年，其间存在极为复杂的因素，随着劳动渐渐地复杂化，人类服饰的产生成为必然，而这种需求动机也绝非其产生的唯一原因，鞋履的产生应该是基于不同物质环境和劳动方式的综合产物。

"原始人类由'裸'态生活发展到以兽皮乃至纤维织物为衣的时代，是百万年劳动及社会实践进化的结果。人类在劳动中认识了大自然，逐渐利用大自然，再发展到改造大自然，从原始社会发展到今天，这都是一条颠扑不破的规律。"[1]正如鞋履自生产或发明之日起，其进化轨迹从未停止，人类不断借助鞋履，积淀新的符号意义和精神功能，其文化与科技含量逐步提升，以致今天推究原始服饰动机时，学界说法不一。考古材料虽提供了研究原始鞋履本质的重要根据，但是一切与鞋履有关的原始工具或材料，无一不向我们无声地昭示着原始社会人类挑战自然、征服自然的伟大精神。

二、夏商周、秦汉时期的鞋品

随着纺织业的发展，布料、丝绸等物也用来制作鞋，并与皮革、麻草组合应用，出现大量的鞋饰品。到殷商时期，鞋的式样、做工和装饰已十分考究，选材、配色、图案也都根据服饰制度有严格的规定。从服饰记载中可以看出，服制中规定王室成员着鞋的形制与色彩，如天子用纯朱色的舄或金舄，而诸侯用赤色的舄。每个朝代鞋的造型、色彩都随着服制形式而变化，百姓之鞋以素履为准，多以革、葛草制成。周代末年，靴的使用来自北方胡人的鞋式。胡人游牧骑乘多着有筒之靴，而赵武灵王主张习骑射，服改胡制，以更利于战事。《释名》曰："古有舄履而无靴，靴字不见于经，至赵武灵王始服。"

（一）夏商周时期鞋品的等级制度

在以巩固君主为核心的王权专制下，一切以维护宗法等级制度为目的，并逐渐演化成一种"礼教"文化和等级制度服饰系统。礼制是周代制定的一套典章制度，是治理国家和人民的规则与道德行为准则，目的是维护统治者的政权，要求全社会按照礼的要求来行使个人的义务和权利，最终维系贵族内部的等级秩序。由于礼制是统治国家人民的最高制度，在礼的制约下人的着装行为自然受到极其严格的规范，由此产生关于服装的典章制度。在当时由于生产力的限制和人们对衣服的大量需求，国家垄断了服饰生产资料，对官服做了严格的控制，从生产、制作、服饰管理到样式、配物都有明确规定，使服装的社会功能上升到突出地位，最后形成并完善了一套服饰制度，即礼服制度，通常称冠服制度，成为统治阶级整个行政系统划分等级贵贱的法则。冠服制度简表见表1-1。

[1] 冯泽民，刘青海 . 中西服装发展史 [M]. 北京：中国纺织出版社，2015:10.

表 1-1 冠服制度简表

项目	冕服						弁服			其他	
	大裘	衮冕	鷩冕	毳冕	絺冕	玄冕	爵弁	皮弁	韦弁	朝服	玄端
首服	天子冕12旒	天子12旒，公9旒	天子9旒，侯伯7旒	天子7旒，子男5旒	天子5旒，卿大夫3旒	天子3旒	爵争革弁	白色鹿皮弁	红色革弁	玄冠	玄冠
舄	赤舄						赤舄	白舄	赤舄	黑舄	黑舄
用途	祭天	吉礼	祭先公，飨射	祀四望、山川	祭社稷、先王	祭林泽百物，天子朝日与听朔	大夫祭家庙，士助祭于王，士冠礼、婚礼	天子视朝诸侯听朝	兵事	诸侯朝服，卿大夫祭祖祢	天子与诸侯常服，大夫、士朝服，士常服、礼服

冠服是服装根据帽子的不同而命名的各类服装的总称。冕服在冠服制度中属于最高等级，它是天子、诸侯、大夫上朝和参加重大活动时穿的服装。弁服是仅次于冕服的冠服，为天子平常视朝之服，诸侯也是如此。弁服无章彩纹饰，这是与冕服的最大区别。在古代，戴什么冠、配什么服、穿什么鞋都有定制（图 1-21），天子和贵族因不同身份和参加活动的性质，配穿不同的服饰，这些服饰在颜色、材质、尺寸等方面都有不同的规定❶。

图 1-21 冕服与赤舄搭配

最能体现礼仪体制的鞋履是帝王权贵穿的“舄”（图 1-22、图 1-23）。舄始于商周，是中国最古老的礼鞋，它是古代天子诸侯们参加祭祀、朝会所穿的鞋，穿时必须与宫廷礼服相配套，在不同场合，采用不同的颜色严格搭配。皇帝与诸侯穿的舄可分为三等，赤舄为上，白舄、黑舄次之；王后及命妇穿的舄，以玄舄为上，青舄、赤舄次之。如在最为隆重的祭天仪式中，天子诸侯们冕服赤舄，王后命妇们则祎衣玄舄。周朝时，宫廷有专人四季收敛皮裘、丝绸等材质，分发给百工去制作冕服舄履，还专设“屦人”管理王及王后的舄。儒家经典《周礼·天官·屦人》载：“屦人掌王及后之服屦，为赤舄、黑舄、赤繶、青

图 1-22 赤舄

图 1-23 黑舄

❶ 冯泽民，刘青海 . 中西服装发展史 [M]. 北京：中国纺织出版社，2015:37.

句、素屦、葛屦。辨外内命夫命妇之命屦、功屦、散屦。凡四时之祭祀，以宜服之。"可见这些宫廷舄屦，按不同形式、材料、色彩等，分成不同的档次，以配合四季穿用。

舄是一种复底鞋，制作非常讲究，鞋底通常用双层，上层用布或皮革，下层用木料。晋崔豹《古今注·舆服》云："舄，以木置履下，干腊不畏泥湿也。"《释名》也谓："覆其下曰舄，舄，蜡也，行礼久立地或泥湿，故覆其下使于蜡也。"因为在木底上涂蜡，对于长时间站立在湿润的泥地上参加礼仪繁缛的祭祀或朝会的官员们而言，能有效阻隔潮气的侵入。舄面大多用丝绸、彩皮、葛麻等，上有絇、繶、纯、綦等鞋饰，絇是舄头上的装饰，其形状有圆形、方形、弧形、刀衣形等，絇为云形的称作"云舄"；繶是镶嵌在帮底间的细圆滚条；纯是鞋帮口的边缘；綦是鞋带。这些构件往往将舄装扮得珠光宝气，富贵华丽。

《诗经·小雅·车攻》记载了周宣王及诸侯们着"赤芾金舄"举行大规模涉猎活动的情景。在赤舄上加金饰称为"金舄"。《晏子春秋·内篇谏下》也描绘了景公听朝时，脚着"黄金之綦，饰以银，连以珠，良玉之绚，其长尺……晏子朝，公迎之，履重，仅能举足"的履，齐景公让人特制的这双鞋，用黄金做鞋带，饰银缀珠，还用上等玉装点鞋头，可见这是一双饰满金银珠宝，价值连城的舄履。此鞋又长又重，难怪他上朝时仅能抬脚。在以后的唐代及辽代冕服制中，都规定了穿衮冕时需配"舄加金饰"。"舄的辉煌重饰，更显示了穿着者的华贵身份及等级地位，因而深受历代帝王权贵的青睐与重视。"[1]

在商周时代，鞋履的穿着分为以下四个等级。

（1）最高等级的鞋是权贵或武士穿用的皮革制作的高勒平底翘头靴，如山西柳林高红的商代贵族武士墓出土的一只铜靴，靴尖翘起，平底、高长筒，在靴筒口有一圆孔，脚面布有纹饰（图 1-24）。

（2）第二等级的鞋是上层的贵族与贵妇穿用的高勒平底丝履，其履形饱满，鞋帮上饰有圆环纹样，织物衬鞋里，丝帛为鞋面，如跪坐玉人的丝帛鞋（图 1-25）。

图 1-24　商周铜靴

图 1-25　跪坐玉人着丝帛鞋

[1] 叶丽娅 . 中国历代鞋饰 [M]. 杭州：中国美术学院出版社，2011:60-61.

（3）第三等级的鞋是中下层贵族穿用的麻、葛等植物纤维编制的高帮平底鞋，较合脚，如哈佛大学福格美术馆收藏的安阳殷商墓出土的立式玉人所穿的鞋。

（4）最低等级的鞋是社会中下层人士的鞋履，“制作材料大多为草、树皮和麻等，制作简易，一般只做鞋底部分，再用绳纽固在脚上，犹如当今的草鞋”❶。民间劳动者的鞋履有屦、扉、橇等。屦是指一种单底鞋，多以麻、葛、草、皮等制成，一般是粗屦（图 1-26）。扉是指草鞋，粗履也（图 1-27）。橇是指木板制的鞋子，鞋头高翘，两侧翻转如箕，以绳束系结于足，着之便可行走泥地，后发展为木屐（图 1-28）。“纠纠葛屦，可以履霜？”这是《诗经·魏风·葛屦》中有名的诗句，写的是一位缝衣女奴，在天寒地冻的日子里，脚上还穿着用葛藤绳缠绕起来的夏天凉鞋葛屦，行走在结满霜冻的地上。《孟子·滕文公上》中有：“其徒数十人，皆衣褐，捆屦，织席以为食。”说的是孟子嘲笑许行的几十名门徒个个穿着粗布短衣，以编草鞋、织席为生。由此可见，“不仅穿草鞋者地位低下，编草鞋和卖草鞋者也受人歧视”❷。

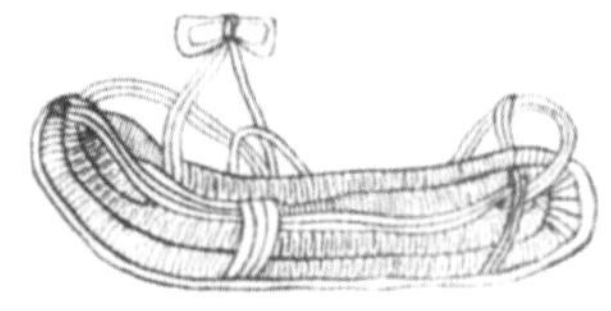
图 1-26　屦

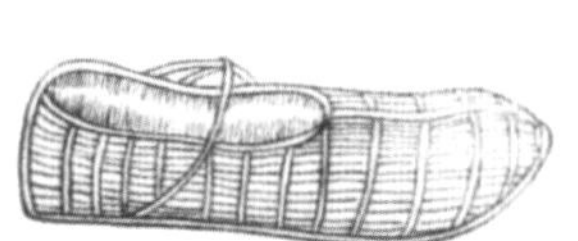
图 1-27　扉

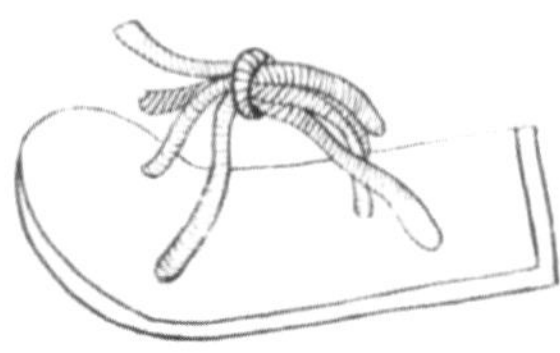
图 1-28　橇

（二）秦汉时期鞋品

秦朝建立了中国第一个中央集权的封建国家，创立了衣、冠、履等各种服制，对汉代影响很大。汉代是中国封建社会比较强大的时期，物质丰富，促进了鞋履文化的发展。公元 59 年，汉朝重新制定鞋履和朝服制度，冠冕、鞋履各有等序。

图 1-29　着舄的秦始皇像

秦汉时，大部分地区着履（穿鞋）已普遍流行。舄是古代贵族用于祭祀、朝会的礼鞋，始于商周，秦代传承此制，秦始皇身穿冕服时也穿舄（图 1-29）。汉初，赤舄原先限定仅为天子、王后及诸侯所穿，到后汉孝明帝二年时才有所改革，批准三公、诸侯到九品以下官员，在服冕时必须穿赤舄、履。同时，舄又作为鞋子的统称，《史记·淳于髡传》中有“日暮酒阑，合尊促坐，男女同席，履舄交错，杯盘狼藉”的记载。这里的“舄”泛指鞋子，是形容古代男女同席，鞋子相叠，不拘

❶ 钟漫天 . 中华鞋经 [M]. 北京：东方出版社，2008:20，25.

❷ 叶丽娅 . 中国历代鞋饰 [M]. 杭州：中国美术学院出版社，2011:57-58.

礼节的状态。另外，汉高祖还曾下令“贾人不得服锦绣罗绮等，这中间当然也包括鞋饰，如有犯者，则杀头弃市”[1]。

秦汉时期男女鞋款已显区别，男人穿方头鞋履，表示阳刚从天；女人穿圆头鞋，意喻温和圆顺从夫（遵天方地圆之说）。

1. 秦代鞋品

基于目前的考古资料，秦代出土的真鞋实物极少。1974 年横空出世的秦始皇兵马俑，以其秦俑雕塑的写实主义风格，为后世人们了解秦代军人的服饰鞋履特征，留下了珍贵的历史画卷，尤其是陕西临潼秦始皇兵马俑博物馆里，身高 180cm 左右，体魄雄健的秦俑将士脚上所穿的鞋履。秦朝作为一个等级森严的王朝，在穿着上有严格的制度，军队戎装均按级别配备，将士的鞋履与军服、冠饰一样，也都有规定的等级区分。大部分秦俑足上都穿履，少数着靴。履的样式大致分为方口翘头履和方口齐头履。军履整体似舟，头部呈方形盖瓦状，浅帮薄底，后高前低，鞋头翘尖的幅度与身份等级成正比，如高级军吏俑穿的鞋头翘得最高，中级军吏俑次之，统称方口翘头履（图 1-30）。武官俑的鞋头略翘，为方口翘头履；而普通士兵俑着的履基本不呈翘状，称方口齐头履（图 1-31）。靴的形式有两种，分别为高筒靴（图 1-32）和短筒靴，主要为骑兵俑、铠甲武士俑等穿着。靴的质地硬直，似为革靴。秦军的履和靴最大的特点是都有带缚于脚背和脚踝上。

图 1-30 着方口翘头履的兵马俑

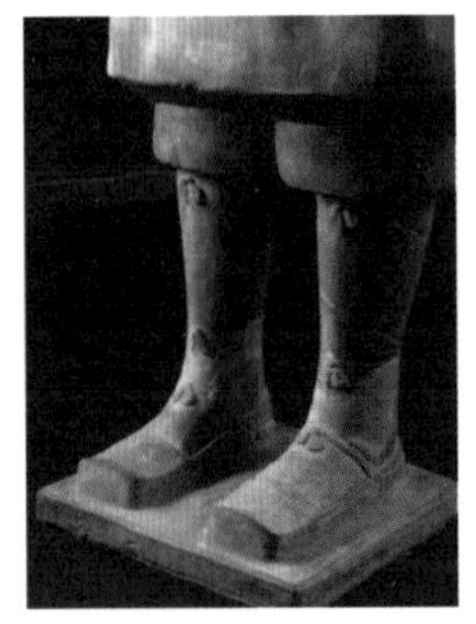
图 1-31 着方口齐头履的兵马俑

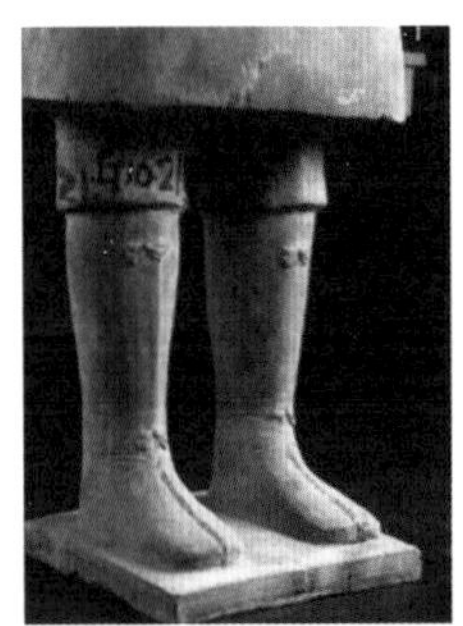
图 1-32 着高筒靴的兵马俑

鞋履的耐穿与否，取决于鞋底。在秦始皇兵马俑中，一个个作跪射姿态俑的履底上，我们看到了一行行排列整齐的钉孔形圆圈纹样。据专家考证，这种纹样象征着鞋底的针脚，它真实客观地再现了当时军士们穿的是用针线纳制的履底。其实，从山西侯马出土的东周佩短剑武士跪像，已见到穿着纳底鞋履。虽然这是一件粗制的陶范，但可以清晰地看到鞋底上密密麻麻的纳线纹。到秦代，纳底鞋又有了发展，可根据鞋底的承受力点，施以不同的针法，其制作更趋科学合理。可以在跪射俑的履底上看见，中间部位施针较稀疏，足前掌和后掌用力部位针迹较细密，使军鞋

[1] 钱金波，叶大兵．中国鞋履文化史 [M]. 北京：知识产权出版社，2014:32.

在行军打仗时更加牢固耐磨，干燥防滑。

纳底布鞋之所以率先为战士所采用，是因为作战奔跑时鞋底需要耐摩擦，这款鞋子首先应用于军队，之后才逐渐向民间普及。这是摩擦原理第一次在中国制鞋领域中的应用。纳底鞋发展至清朝，已经造就出驰名中外的千层底布鞋。作为中华鞋履的灵魂，布鞋从中国古代流传到现在，从未退出历史舞台，而如今，著名的内联升以及老美华等品牌还在生产这种纳底布鞋或千层底鞋，这样的鞋子具有冬御寒、夏散热等优点。

2. 汉代鞋品

陕西咸阳杨家湾出土的汉代兵马俑给我们带来了汉代军人穿鞋的信息。根据汉代的葬制，只有立下特殊功勋的人才可享受用兵马俑陪葬，并且要得到皇帝的恩准。1965 年，咸阳杨家湾西汉墓发掘出 2500 多件彩绘兵马陶俑，据专家推测，陪葬的兵马俑原型就是朝廷的御林军。这支队伍造型逼真，步伍严整，有步兵、骑兵等，表现了汉初军阵的真实形象，而几千将士所穿的鞋靴如实反映出当时的军营服饰。与秦兵马俑不同的是杨家湾骑兵俑穿的靴在制作上更加讲究装饰，将士之间的鞋靴有明显差距。长筒靴多为军官所穿，色彩华丽，绘有锯齿纹、草叶纹、卷云纹等。那些将军俑身穿鱼鳞甲，脚着漂亮的翘圆头彩绘彩筒靴，神态严肃，趾高气扬地进行指挥；而士卒步兵们大多绑裹腿着麻线鞋或钩尖鞋，这种在鞋制上的等级区别，形成鲜明的对照。这些栩栩如生的艺术珍品，为我们解读、研究汉代社会服饰、丧葬、军事等制度，提供了详尽宝贵的资料。

秦汉时期皮革资源较多，穿皮鞋是生活俭朴的表现。其中以獐、麂等动物皮革制的鞋为上乘。“在《潜夫论·浮侈》中曾描述当时普通百姓‘履必獐麂’，秦汉时期的长筒靴采用皮革制作，如上述杨家湾出土的彩靴，当时采用的材质就是皮革。而用丝和锦制作的履或在鞋面上绣花缘边的称为‘丝履’或‘锦履’。”[1]

在夏商时期，人们已经熟练地掌握丝织技术，华丽的丝帛成为贵族服饰的首选；到周代，织绣工艺渐趋成熟，出现了最为权贵的丝履——舄。舄的面料大多采用丝绸，为最高阶层所独享。

秦汉时期，许多地方都能生产丝绸，不仅产量有所提高，而且花色品种也日益丰富，出现了有彩色花纹的丝织品——锦。“锦上添花”使中国丝绸更加绚丽多彩，更具艺术内涵。1972 年，湖南长沙马王堆西汉墓出土了丞相夫人的一系列丝绸珍品，其中的丝绸衣物及纺织品件件色彩绚丽、工艺精湛，特别是丞相夫人足穿的细软青丝履，已成为中华鞋文化走廊中瑰丽的精品。这双履呈菜绿色，长 26cm，头宽 7cm，后跟深 5cm，头部呈弧形凹陷，两端昂起分叉小尖角，称为岐头履，是丞相夫人的陪葬鞋。此鞋采用不同纹样的青丝织布面料做成，鞋前部分为纬线较粗的平纹料，鞋帮是绛紫色的八字纹料。鞋子底部则用浅绛色麻线编制而成，并有磨损痕迹，应是

---

[1] 钟漫天 . 中华鞋经 [M]. 北京：东方出版社，2008:29，30.

生前穿用之履。同时出土的丝履共有四双，轻柔细软，舒适华贵。这种鞋适宜在冬季穿着，为当时女子所喜好。

随着丝织物的普及，穿着丝履者逐渐增多，一般人家也能享用。“足下蹑丝履，头上玳瑁光。”这是汉乐府《孔雀东南飞》中的诗句。《汉书·贾谊传》中也有“今人卖僮者，为之绣衣丝履偏诸缘”。可见，丝履已成为当时人们常穿的一种鞋履。

汉代曾出现鞋史上罕见的玉鞋。中国崇玉的历史非常悠久，上可追溯到新石器时代的玉殓葬风俗。考古证明，从新石器时代以来，出于对玉无比崇拜的迷信，玉广泛使用于装饰、祭祀、丧葬等活动，生前佩玉，死后葬玉的习俗代代相传，发展至汉代已形成帝王贵族以玉衣为葬服的风气。1968 年，河北省满城县第一次出土了两套完整、珍贵的金缕玉衣，玉衣为西汉中山靖王刘胜夫妇的殓服，由头罩、上衣、裤筒、手套和鞋五部分组成。玉衣，古称“玉匣”“玉柙”等，由各种形状的玉片缝缀而成，据说能够让死者的身体不朽。玉衣制作工序复杂，工程浩大。

到东汉，已发展和形成一套完整的使用玉衣的等级制度，据史书《汉旧仪》载：“帝崩，唅以珠，缠以缇缯十二重。以玉为襦，如铠状，连缝之，以黄金为缕。腰以下以玉为札，长一尺，广二寸半，为柙，下至足，亦缝以黄金缕。”《后汉书·礼仪志下》又详细记载：“诸侯王、列侯、始封贵人、公主薨，皆令赠印玺、玉柙银缕；大贵人、长公主铜缕。”由此可见，东汉时期玉衣已明确分为金缕、银缕和铜缕三个等级。只有皇帝驾崩才能享用金缕玉衣，而诸侯等死去时只能使用银缕玉衣，一般的贵族和长公主仅能穿铜缕玉衣。在玉衣制作工艺上，东汉比西汉更趋成熟，并有许多新的改进，例如，鞋子能够分辨出左右方向，手套已出现拇指等，因而玉衣在穿着时更能贴合人体。这种世界上罕见的玉衣殓尸的习俗一直延续至东汉末年。三国时期，魏文帝曹丕鉴于“汉氏诸陵无不发掘，至乃烧取玉匣金缕，骸骨并尽”的状况，下令禁止使用“珠襦玉匣”，至此，在中国历史上风行了三百余年的玉衣殓服习俗才被废止[1]。

三、魏晋南北朝、隋唐时期鞋品

（一）魏晋南北朝时期鞋品

魏晋南北朝时期，汉族与周围各民族多元文化交汇融合，逐步形成鞋履的多样化。魏至西晋一百多年，因历史短促，在鞋饰上变化不大。在服饰上遵循汉制，朝祭之时依旧用舄，如天子穿冕服、着赤舄；皇太子五时朝服，穿元舄；诸王五时朝服，穿黑舄等。阎立本《历代帝王图》中，晋武帝司马炎身着冕服，头戴冕冠，再配上一双红色弧形高翘的赤舄，更显得气宇轩昂（图 1-33）。北朝时舄的形制发生了一些变化，主要是废弃木底，改用双层皮底，其余基本相同。晋代，官民着鞋有诸多规定，甚至对鞋履的色彩，也有严格的等级限制。《太平御览》六九七引晋

[1] 叶丽娅 . 中国历代鞋饰 [M]. 杭州：中国美术学院出版社，2011:80-81.

令："士卒百工履色无过绿、青、白；奴婢侍从履色无过红、青，犯者问斩。"南北朝以来，北方各族入主中原（黄河以南，长江以北大部分地区），将北方服饰带到这一地区，同时，北方人民也受到了北方少数民族服饰的影响，如北魏孝文帝的易胡服，从汉制。据《宋书·舆服志》载，天子仍穿"绛裤赤舄"[1]。

图 1-33 《历代帝王图》

1. 靴的发展

魏晋南北朝时期是中国历史上战争频繁、社会动荡的时代。成千上万的少数民族迁入中原，这种政局促进了各民族之间相互交融。据《抱朴子·讥惑篇》记载："丧乱依赖，事物屡变，冠履衣服……所饰无常，以同为快。""魏晋南北朝时期，北方民族最常用的是靴子，从河北磁县东陈村出土的东魏尧赵氏墓提靴丫鬟陶俑可看出当时靴子的基本形制。靴子以兽皮为面料的有筒革靴，男女通用。一般不作正式礼鞋使用，穿靴不得入人殿，否则为失礼。当时南方最盛行的是丝履和木屐。"[2]魏晋南北朝在鞋饰上以着履为尊敬，以着屐为安便。"凡在主要场合，如访友、宴会等，均不得穿屐，否则被认为'易容轻慢'。男女鞋履，样式不一，有些与前代大体相同。"[3]

2. 丝履的发展

晋代最有代表性的是一种称为"织成履"的鞋。由于魏晋南北朝时期织成工艺的进步，人们穿着的丝履已由前期大多为原色、素色和单色发展为彩色织成系列。所谓织成，古代以彩色或金缕织出图案花纹的名贵织物，是由锦分化出来的一种纺织品。它以丝为原料，在经纬交织的基础上，另用彩纬挖花而成。这种利用多种彩丝织成的多色彩条经锦技术，其最大的优势在于可以按人们的设计意图或成品要求来编织，因而在贵族阶层颇受欢迎。两汉魏晋南北朝时期，五彩缤纷的织成图案，不仅运用于衣缘袍领、被服帐袜和镜囊帷帐，还逐渐扩展到鞋履；不仅盛行于中原地区，还通过"丝绸之路"沿途传播并走出国门。

织成履也称为"组履""锦鞋"或"手编鞋"，实际是选用一种以彩丝、棕麻等材料，按事先定好的样式，直接编织的鞋履。在新疆维吾尔自治区博物馆里，藏有一双堪称国宝的东晋彩丝织成履（图 1-34）。就是按鞋履的样式，采用"通经不断纬"的方式编织而成，即由一种色丝将两组彩丝前后交换绞编，而显现出不同色彩的美丽花纹图案。履底部采用麻线编织，长22.5cm、宽 8.5cm、高 4.5cm。鞋帮用多种丝线进行编织，在层次分明的色条上，又用彩纬挖

[1] 钱金波，叶大兵．中国鞋履文化史 [M]. 北京：知识产权出版社，2014:38.

[2] 钟漫天．中华鞋经 [M]. 北京：东方出版社，2008:31.

[3] 钱金波，叶大兵．中国鞋履文化史 [M]. 北京：知识产权出版社，2014:38.

花技法织出多种美丽的花纹图案。最珍贵的是履头正中织有“富且昌宜侯王天延命长”的汉字吉祥语，其技艺精湛、色泽艳丽，是难得的中华鞋履极品。

图 1-34　东晋彩丝织成履

3. 木屐的盛行

魏晋南北朝时，从宫廷到民间，穿着木屐者已很普遍（图 1-35、图 1-36）。所谓木屐，是在屐的底部装有竖直的两齿，前后各一。这样既避免了鞋底和地面进行接触，防止溅泥；同时，穿着的人也会因竖起的木齿显得高挑，走起路来还带有几分飘逸。《释名·释衣服》称“屐”为木底下装着前后两个齿的鞋，便于在雨水、泥地中行走。当时上至天子，下至文人都爱穿木屐。甚至孙吴大将朱然在死后还要将木屐随葬，可见其对木屐的喜爱程度。屐齿的高度一般在 6 ~ 8cm，前后齿高度大致相等，根据双齿安装的方式可分连齿屐、活齿屐与装齿屐等。

图 1-35　三国时期漆木屐

图 1-36　南北朝时期的陶制木屐模型

一直以来，穿木屐的人并不少，但魏晋时期才成为潮流。木屐的流行，自然也离不开风流名士们的“代言”。首先，穿木屐后高挑的身姿，很符合这一时期人们的审美追求。其次，木屐是一种方便行走的工具。曾经在曹魏和蜀汉的战场上，面对满地蒺藜，魏帝就命令士兵们穿着平底木屐前行，最终顺利通行。南朝时，著名诗人谢灵运还曾改良出一种十分适合登山的可拆卸式木屐。关于木屐在魏晋时期的流行，还有一个不得不提的原因：当时流行服食“五石散”，穿着木屐，方便名士们行走，散发体内的热量。

（二）隋唐时期鞋品

隋唐是中国封建社会的鼎盛时期，唐代的中国是当时世界上最强大的国家，也是鞋饰文化发展的辉煌时期。鞋履既传承了历史沿革，又兼容并蓄，中外融汇，鞋业盛事层出不穷，出现有史以来最绚丽多彩的鞋履文化。在隋唐时期，“泛指鞋履的名称正式定为‘鞋’字，一直影响并沿用到今日”[1]。

唐代以前仅限于戎装的靴子，至唐代一般文武官员及庶民百姓都可穿着，只是样式略有差别。这是因为魏晋南北朝是中国古代服装史上的大转变时期。其时，大量少数民族人居中原，尤其是北族，故而靴子也随之进入中原。中原百姓便“日见靴，日仿靴，日穿靴”[2]。虽然穿靴并未形成制度，但毕竟使相当一部分中原地区受到靴子的影响，并为唐代人的普遍着靴打下基础。

❶ 钟漫天 . 中华鞋经 [M]. 北京：东方出版社，2008:35.

❷ 骆崇骐 . 中国历代鞋履研究与鉴赏 [M]. 上海：东华大学出版社，2007:75.

唐五代沿隋制，朝服仍配靴。唐朝中外文化交流频繁，而对于外来的衣冠服饰及文化，采取了兼收并蓄的态度，从唐代遗留的许多史书、绘画等资料中均有记载。后唐马缟《中华古今注》："至贞观三年，安息国进绯韦短勒靴，诏内侍省分给下属诸司。"朝廷不仅收下了红色皮短靴，而且将其分给下属诸司。唐代名画《步辇图》中反映了藏王特使来中原"求婚"时的情景（图 1-37）。画面中的中国朝廷官员穿着乌皮靴，而来自西南青藏高原藏族特使也穿着乌皮靴，其靴式竟然相差无几，可见民族间的相互交流与融合比较密切。此次汉藏联姻促进了民族团结与交流，文成公主入藏带去了大批的丝织品、精美的手工艺品和先进的技术工艺，以及汉族的许多生活文化习俗，对藏族经济、文化等方面的发展发挥了积极的作用。与此同时，汉族也吸收了许多藏族服饰文化的元素。据朱偰《玄奘西游记》记载，初唐时，玄奘去印度取经路过西域高昌时，受到麴文泰（620—640 年）礼遇，临别时，特赠其许多旅途用品，其中就有"靴袜"。在中亚地区长途跋涉，跨沙漠戈壁，越雪山冰岭，除了上身保暖外，保护双足的靴袜更是帮助高僧远行的工具。《新唐书・李白传》有穿靴赴黄宴的记载："帝爱其才，数宴见。白尝侍帝，醉，使高力士脱靴。"[1] 高力士是唐代大太监，在朝廷上目空一切，曾说过李白只配为他脱靴，而李白则借皇宴醉酒，乘机使唐玄宗下令让高力士为他脱靴，笑傲权贵。

图 1-37 《步辇图》

前唐尚高勒靴，特别是军旅武士全着长靴。唐太宗（629—649 年）时，由于袍服内的靴勒过高，行事有所不便，中书令马周建议缩短靴，并加丝带与靴毡，此后百官之靴采用短靴，因此后唐五代尚短靿靴。

四、宋元明清时期鞋品

（一）宋元时期鞋品

宋朝是一个理学占统治地位的封建王朝，热衷孔孟之道，推崇伦理纲常。衣、饰、冠、履都

---

❶ 叶丽娅 . 中国历代鞋饰 [M]. 杭州：中国美术学院出版社，2011:118.

显得保守、拘谨。提倡妇道的缠足习俗与宋朝的理学思想不谋而合，促使缠足之风愈演愈烈，把唐朝崇尚的“小头鞋履”推到了“三寸为美”的程度，成为宋朝鞋史中举世瞩目的篇章。

1. 宋代女子鞋履

为了迎合男人的审美，女子以柔弱为美，要求温柔驯服、懦弱纤细、举止舒缓、轻声柔气、步履轻盈、胆怯怕羞。足形、容貌和才艺构成封建时代女性美的三要素。缠足的女性走路妖娆，被认为甚是好看。这种社会环境决定缠足是宋代女性的当然选择，甚至成为当时绝大多数女性人生的第一要务。

宋朝女孩一般在五六岁时开始缠足，缠脚布多用粗棉线布，以防松脱。缠足鞋必须根据缠足后的畸形脚定制。初缠者的鞋从有带子的布底软帮软底鞋开始，逐步过渡用硬木鞋底。由于各地的缠法和习惯不同，所以产出的脚型差别很大，演变出不同的形制，所以制作的缠足鞋也是五花八门的，在民间共有二三十种弓鞋样。宫中与民间对缠足小鞋的样式、刺绣和制作都有一定的程式。宋朝缠足小脚鞋的称谓俗定为：三寸长的鞋称“金莲”；长度超过三寸、不足四寸的称“银莲”；长度超过四寸的只能称“铜莲”。宋朝风流倜傥的才子们对“三寸金莲”情有独钟，经常用小脚鞋作“金莲杯”喝酒，这是中国古代文人骚客的一大“创举”，且在大江南北同风同俗，“金莲杯”可谓是鞋文化和酒文化的结合（图 1-38）。

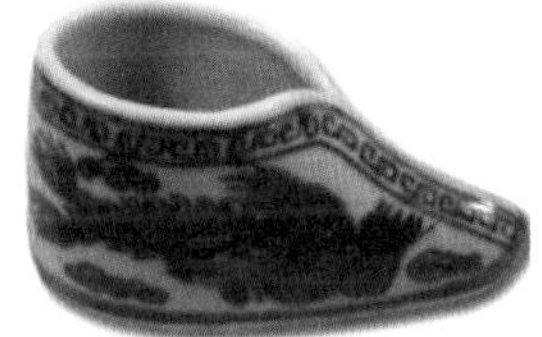

图 1-38 “金莲杯”

在民间，鞋与酒的融合呈现三个步骤：最初人们在喝酒时，把铜钱往小脚鞋里投掷，以掷入鞋中铜钱的多少评定输赢罚酒；后来演化成把酒杯直接放在陪酒侍女的金莲鞋里，手把持小鞋喝酒；最后用各种材料制成小鞋形状的酒杯，用“金莲杯”喝酒，以示风流。

从福建、江西、浙江等地出土的许多南宋小脚鞋来看，最小的仅 13.3cm。尤其是江南妇女，脚小以纤饰为尚，缠足之风最盛，因脚尖纤小，着靴不便，所以多穿鞋。北宋期间，在东京汴梁闺阁中出现了“错到底”小足鞋，足底尖锐，用两色粗细布合成。宋陆游《老学庵笔记》：“宣和末，妇人鞋底尖以二色合成，名‘错到底’。”[1] 女鞋多以锦缎制成，上绣各种图案，按照材料、制法及装饰，分别定为“绣鞋”“锦鞋”“缎鞋”“凤鞋”“金缕鞋”等名称。古代诗文小说中所称的“三寸金莲”就是指这种鞋子。陆游记载的“错到底”，这种绣鞋大都用红帮作鞋面。这个时期的妇女图像，着翘头小鞋者比比皆是。宋人所画《杂剧人物图》（图 1-39）、《搜山图》（图 1-40）、《妆靓仕女图》（图 1-41）、《绣栊晓镜图》（图 1-42）中的女鞋也是红帮，这些图中的妇女人物，两足无不纤小，所穿之鞋前部明显向上弯翘。“1966 年，世人终于见到了真正的翘头平底小鞋。在浙江兰溪南宋墓出土的翘头小鞋，其鞋型与宋画《杂剧人物图》非常接近”[2]。

---

[1] 钱金波，叶大兵．中国鞋履文化史［M]. 北京：知识产权出版社，2014:55.

[2] 叶丽娅．中国历代鞋饰 [M]. 杭州：中国美术学院出版社，2011:144.

1988 年，在江西德安南宋新太平州通判吴畴之妻周氏墓，出土了七双黄褐色素罗鞋面，鞋底前尖后圆，鞋头上翘，饰有用丝线做的蝴蝶结，鞋口卷边，有明显手工缝制针迹（图 1-43）。

图 1-39 《杂剧人物图》

图 1-40 《搜山图》

图 1-41 《妆靓仕女图》

图 1-42 《绣栊晓镜图》

图 1-43 黄褐色素罗翘头鞋

2. 元代鞋品

成吉思汗依靠强大的军队东征西伐，终于在 1279 年灭了南宋，建立了元朝。蒙古族入关后，除仍保留其固有的衣冠形制外，还采用汉族的朝祭服饰，即冕服、朝服、公服等，但因元朝政体仍保留了较多的蒙古旧制，官员因事而设，官制人数都不确定，所以衣制并不确定。元贵族并未强迫汉人改装，故元朝汉人可以依旧着汉装。

元朝统治者为蒙古族，作为游牧民族，靴成为他们最基本的足服之一。皇帝的衮冕服为青罗衣配红罗舄或红罗靴，公服用黑皮靴，军人平时一般都穿靴。《元史·舆服志》记载："凡贵族官僚皆穿，其皮靴都用貂鼠或羊皮等为之。"元代有许多靴的款式，如皮靴、鹅顶页靴、云头靴、毡靴、方头靴、络缝靴和高丽式靴等。云头靴是用皮制成，靴帮用高筒，嵌云朵图案。

元代虽由少数民族执政，但仍沿用中原王朝的冠冕衣裳，皇帝的冕服由冕、衮、带、绶、舄等配成一套，只是祭祀的礼鞋在继承传统的基础上有所创新。据《元史·舆服志一》记载："舄一，重底，红罗面，白绫托里，如意头，销金黄罗缘口，玉鼻，仁饰以珍珠。"可见，朝舄采用红罗面料，及黄金罗缘边，并以白绫衬里，舄首绚上还加了如意头、玉鼻、珠饰等。舄底厚度大大降低，且将木底替换成皮底。

此外，出土于内蒙古阿拉善盟额济纳旗黑水城遗址的布鞋、皮鞋、麻线鞋，都反映了元代北方地区的鞋式与制鞋工艺。北方的秋冬较南方寒冷，制作的鞋履总是比南方厚实而保暖。小孩穿的布鞋呈船形，布鞋上的点点针迹，是慈母手工精心缝制。麻线鞋的帮和底全部采用粗麻线编织，鞋帮上有两个环套，用于系鞋带。编织严密结实而耐穿的男鞋，几乎可以在历代劳动者的脚上看到。

女子服饰以袍服为主，下着鞋靴。官人及贵妇以着红靴为主，妇女喜用红色做帮，从唐代已经开始，并一直沿用到宋元时期。江南地区妇女的缠足小鞋多采用丝帛做面料，这些鞋靴轻便，走起路来“着地轻无尘”，其特征为“小小鞋儿四季花头，缠得尖尖瘦”。缠足虽限制了女性的行动，却促进了她们女红技法的长进，许多鞋子都装饰有美丽的花卉图案。“江苏无锡出土的尖头黄绸女式棉鞋，其底长 20 厘米，鞋头略尖，鞋身修长，就是采用丝质黄绸，鞋前脸还装饰有丝线系的蝴蝶结”[1]。此外，现存的还有一双元代棕色暗花绫丝绵双梁女鞋。

（二）明代鞋品

“靴”最初是在战国时由赵武灵王引入中原，隋唐时期，“靴”被定为群臣天子宴服的配套鞋履，并被历代沿用。明朝时，文武官员穿朝服配皂靴，靴的面料采用皮、缎和毡等，大多染成黑色，靴底涂白粉或白漆，因此也称为“粉底皂靴”（图 1-44、图 1-45）。

图 1-44 《三才图会》中的皂靴

图 1-45 黑色高筒皂靴（江苏扬州明墓出土）

为了维护社会等级制度，明政府在制定舆服制时，对鞋靴制度也做了严明的规定，严禁庶民、商贾、技艺、步军、余丁及杂役等穿靴，他们只能穿皮扎（革翁）；皇帝和文武百官，以及他们的父兄、伯叔、弟侄、子婿，皆许穿靴。此外，教坊及御前供奉者，校尉力士在当值时允许穿靴，如若外出则不许。官员的皂靴与皇帝穿的靴款式相同，但前缝少棱角，各缝少金线耳。这些规定突出了明代最高统治者的政治理念，展示了服饰作为等级身份物化标识的特性。

到了明代后期，封建服饰等级制度受到挑战，庶民穿着超出其身份地位的服饰已成为一种不

[1] 钟漫天 . 中华鞋经 [M]. 北京：东方出版社，2008:41.

可阻挡的潮流，庶民服饰呈现出多元发展的趋势。

明朝百官在雨雪天出行时，穿钉靴或油靴（图 1-46），前者在靴底施以铁钉，以防滑跌，后者是用桐油敷于布帛鞋面上，而获得防水拒湿的功效，故又称此种雨靴为油靴，其中凝结着中国古代先民的智慧。当时明王朝严禁胡风，此类靴也在被禁之列，普通人平时只能穿青布鞋和青布袜，但是在下雨和下雪的日子允许穿着钉靴和油靴。

图 1-46 明崇祯年间刻本《金瓶梅词话》插图中穿油靴的男子

（三）清代鞋品

清代以骑射开国，武定天下，所以对武备特别重视。规定每三年举行一次大阅兵，以检验八旗兵的训练情况和战斗力，演武宣威。作为戎装配置，清军的军官一般穿靴，士兵穿双梁鞋或如意头鞋，也有选择穿麻草鞋。军戎鞋靴也分厚底与薄底两种，练武之人多为薄底翘头尖靴，《京都竹枝词》中有记载“尖靴武备院称魁”。古代军队没有专用鞋靴，一般也采用日用鞋履，将士的鞋靴只是在质料、款式上区别使用。

始于清代并沿用至今的冰鞋首先在八旗兵中穿用。按清代旧制，冰鞋仅属于八旗兵穿着。每年冬季，八旗兵皆演跑冰。皇帝分日阅看，按等行赏。道光初，惟命内务府三旗预备清代冰鞋，即所谓“跑冰鞋”，它以一根铁直条嵌于皮鞋底中，作势一奔，迅如飞翔。慈禧太后也十分重视跑冰演习，每年必看。清朝帝后如此重视跑冰运动，正说明冰鞋作为军鞋在北方作战中的地位与作用[1]。

清朝流行的鞋子式样很多，有云头、扁头、镶嵌、双梁、单梁等，一度尚高底，有底厚及寸者，俗称“厚底鞋”，大抵以缎、绒作面，鞋面浅而窄，鞋帮有刺花或如意方头等装饰，顶面作单梁式或双梁式。清代厚底双梁男布鞋，造型粗犷，短鞋口、双梁，配以花纹，修长而不失阳刚之气。后来觉得高底不方便，于是改为薄底。

此外，草鞋、棕鞋和芦花鞋等为一般劳动者所着。其中，草鞋不仅材料来源广，价格低廉，而且性能好。拖鞋在清末沪地男女都喜穿，冰鞋只有北方人穿着。钉鞋为雨天所用，南北都很流行。清赵翼《陔余丛书》中就有“古人雨行多用木屐，今俗江浙间多用钉鞋。”钉靴是用牛皮制成靴面，内衬细帆布，牢固耐穿，手工缝制，针眼细密。鞋底用细麻线对多层牛皮纳底处理，并镶有多枚铁钉，用于雨雪天防滑，男钉靴圆头大方，女钉靴尖头小巧。木屐在当时也十分流行，在南方居家不分男女，多穿木屐[2]。

---

❶ 骆崇骐．中国历代鞋履研究与鉴赏 [M]. 上海：东华大学出版社，2007:40.

❷ 钱金波，叶大兵．中国鞋履文化史［M]. 北京：知识产权出版社，2014:66.

第二章
箱包鞋品设计的基本法则

2015 年国务院印发了有关《中国制造 2025》的文件，明确指出了制造业是国民经济的主体，是立国之本、兴国之器、强国之基。自 18 世纪中叶开启工业文明以来，世界强国的兴衰史和中华民族的奋斗史一再证明，强大的制造业，特别是具有国际竞争力的制造业，是一个国家提升综合国力、保障国家安全、建设为世界强国的必由之路。箱包鞋品作为服饰中不可分割的重要组成部分，无论是在个人生活、家庭生活，还是社会日常生活中，都扮演着重要角色。我国箱包鞋品产业凭借着极具价格优势的各生产要素和改革开放以来的重要发展机遇，几经磨砺，虽已占据了世界范围内生产总数的大半，但仍存在明显的不足之处。

从产品竞争的软实力来看，我国的箱包鞋品产业仍旧缺乏过硬的文化输出，或是普世性的理念认同，这与我国早期的艺术设计领域发展起步较晚，以及我国早期的经济水平不足直接相关，但这需要我们在现代化建设的新时期着重解决。从产品竞争的硬实力来看，我国的箱包鞋品基础产品工业链和产业链已相对完备，但能够生产高端、精致产品的制造业人员明显不足，同时在新技术、新工艺和万物互联的时代背景下，在箱包鞋品智能化产品领域也亟须发展。作为艺术设计从业者，特别是面临服装服饰类这样与经济性、商品性、功能性高度相关的产品设计时，更应加强自身的综合艺术素养。

本章就箱包鞋品设计的经济法则、分类法则和搭配法则，从箱包鞋品的产品设计定位、功能分类、装饰美学等多重角度，结合时代发展背景，进行展开介绍，旨在帮助读者立体、宏观地了解设计这类产品时所需遵循的相关基本法则。

第一节　箱包鞋品设计的经济法则

在产业规模方面，截至 2021 年，我国共拥有两万多家箱包生产企业，箱包产能占据世界箱包总产能的 1/3，我国的鞋品产业同美国、英国相合计，可占全球市场份额的 1/2，即使在我国本土市场上也达到了 699 亿美元的规模。无论从何种角度来看，我国的箱包鞋品产业都是实体经济中不可忽视且具有广袤发展前景的存在，同时，这也要求设计师在设计产品时，对产品的经济层面做出适当考量，以最大程度合乎箱包鞋品企业的良性发展。

箱包鞋品设计经济法则的核心应当是围绕特定用户群体进行价值创造，最终服务于消费者的需求和企业发展目标。在任何时候，脱离特定背景和受众对象来谈普世的规律是不可取的，这一点在进行设计的经济层面考量时同样重要。设计师在给出设计方案之前，需要先厘清品牌的设计目的、设计方向，找对合乎目的的受众人群，在此之后，根据目标客户群体的收入情况、不同收入的客户群体占比、目标群体的产品需求进行充分调研，以确定产品的设计定位，以便在产品投入前做好相应市场预期来决定产品产能。当然，产品定位也不是以偏概全的，对于消费高的人群来说，他们也许更看重商品的品牌附加值，诸如企业文化的好坏，设计理念是否符合现代流行趋势，以及拥有何种象征寓意等；对于中等收入群体来说，则更重视商品的性价比，如是否能够长久地满足一些使用场景的功能性需求，在满足功能性需求外是否有一定的装饰性等；对于低收入群体而言，对实用性和性价比的设计侧重无疑是最好的良方，同时，低价的商品往往也能产生较高的销量。

本节将从箱包鞋品设计的实用性法则、商品性法则以及市场效用法则三个角度进行阐释，以帮助读者更好地理解箱包鞋品设计的经济法则及其相关内容。

一、箱包鞋品设计的实用性法则

设计的实用性法则不难理解，它是以商品的实用性为主，在满足相关功能的基础上，着重降低设计生产成本以降低商品定价的一种手段。在消费者的立场上，经济实用即“物美价廉”；在企业的立场上则是减少生产成本。当然，控制设计生产成本并不意味着传统意义上的偷工减料，或不惜牺牲产品的原有功能和产品的耐用性来减少成本。当代生产成本的控制往往是通过建立科学的生产管理体系来进行的，利用对生产程序和生产模式的优化，最大程度上减少生产损耗。或者建立智能化的生产流水线，通过提升生产效率来达到经济最优化的状态。这就要求设计师对箱包鞋品的研发工艺、生产流程、生产模式等有充分的了解，从产品的结构、用料、生产工艺等角度进行全面思考，帮助企业建立最优的研发生态（图 2-1）。

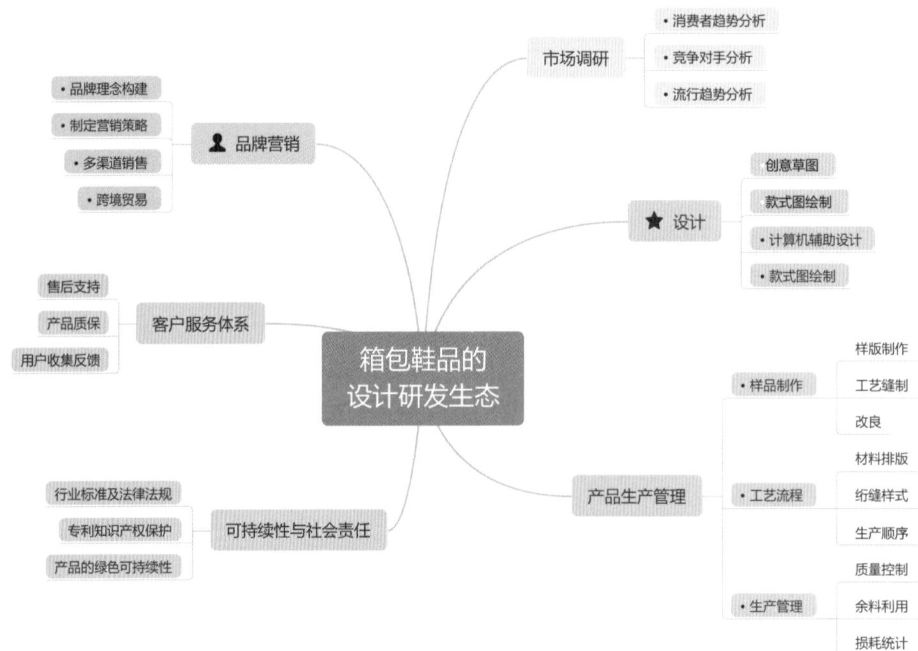

图 2-1　箱包鞋品的设计研发生态

（一）精准的成本控制

对于服装服饰类企业来说，成本的竞争是至关重要的。箱包鞋品产品不同于家电或是其他日用品，它的产品竞争力往往带有极不可控的随机性，例如其销量的好坏常常会受当下的潮流影响或是文化立场的影响。一个好的设计师在做产品的季度规划时，往往能结合自身的市场经验、结合时下的政策导向和消费者的审美倾向变化做综合考量。同时，对于具有较强“时效性”的箱包鞋品来说，做好产品“量”的把控也是至关重要的，需防范因库存积压带来的风险，从源头上做好生产成本控制。

高额的成本通常也意味着企业管理水平的低下，它会使企业在行业竞争中处于劣势，因此，研发团队在产品研发和生产的过程中，时刻要有产品成本观念，尽可能地把成本因素贯穿在设计行为之中，以此来为企业争取最大的让步空间，在面对无数竞争者时掌握主动权。

在企业进行箱包鞋品的研发与生产中，成本控制可以从产品的工艺管理和生产管理这两个方面入手。

1. 箱包鞋品的工艺管理方面

工艺管理，通常是指根据不同产品品种、款式和要求制定特定的加工手段和生产工序。企业在接到客户订单或研发新产品投产时，首先会对产品进行工艺试制，以便在正式生产前对工艺及材料方面进行优化、对生产设备进行调试，完善生产时的人员分配等，使产品在高效的工艺方案指导下进行生产加工，更好地保证产品质量，提高生产效率，降低成本。伴随新材料、新技术的不断涌现，缝制效率和加工步骤顺序也日益变化，而这些变化又直接关系到生产的效率和质量，因此，对箱包鞋品工艺管理方面的成本控制研究可以说是当代设计师面临的永恒课题。

箱包鞋品的工艺管理大致分为生产前的准备、面料裁剪、面料缝制和加工及整理四大工艺步骤（图 2-2）。

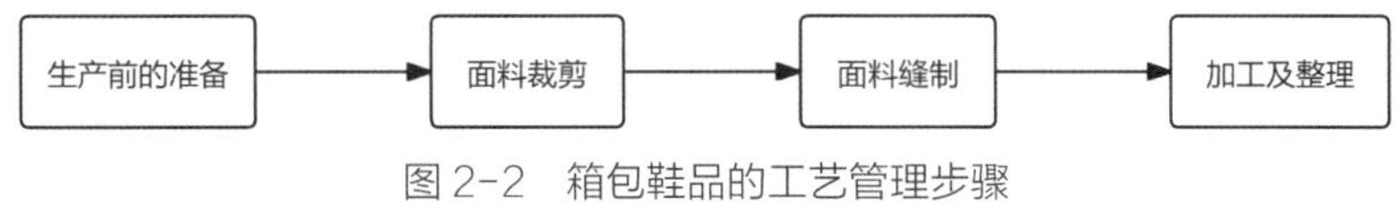

图 2-2　箱包鞋品的工艺管理步骤

2. 箱包鞋品的生产管理方面

箱包鞋品的生产管理主要分为计划管理和过程管理。计划管理指对企业的生产任务做出统筹安排，规定企业在计划期内产品生产的品种、质量、数量、进度指标等。对于箱包来说，产品的季节性需求较小，产品适用时间较长，很少需要因季节变化来做生产计划变更。鞋品则不同，夏季人们对于鞋品的需求一定不同于冬季，值得注意的是在不同年份和不同地区中，冬夏季的长短会存在较大差异，因此鞋品企业在制定生产计划时尤其需要注意季节变化。

生产计划工作的主要内容包括：协助销售部门调查和预测市场对产品的需求，配合销售部门的计划，核定企业的生产能力，确定相关的生产目标，制定有关的生产策略，确定生产计划、生产进度以及计划的实施、控制与分析等工作。

（1）生产计划系统的层次。生产计划分为长期计划、中期计划、短期计划。成衣企业的生产计划以中、短期计划为主。

（2）生产计划的主要指标。包括产品品种、产品质量、产品产量、产值（工业总产值、商品产值、工业净产值）。

生产管理要求及时监督和检查生产过程，纠正偏差，保证生产计划及生产作业计划的正常完成。

（二）闭环的营销生态

成本控制除了在与产品生产直接相关的过程中需被强调外，在箱包鞋品的营销全过程中亦需得到重视。在技术日新月异的当下，消费者原有的诸多生活方式和消费习惯都发生了改变，以这些年迅速崛起并独占鳌头的网络销售为例，从最初的淘宝、京东等店铺式平台，发展到今天小红书推广和抖音直播等营销模式，企业所面临的营销策略和营销费用支出都在发生巨大变化。很多情况下，产品销售所需的高额推广费用常常占据整个营销成本的“大头”，这时，如何让产品在设计之初就考虑到后期以何种方式推广、考虑到产品的视觉吸引力，让产品“自带流量”，成为设计师们面临的重大课题。

改革开放后，中国作为劳动密集型产品出口大国，积累了大量原始财富。特别是在 21 世纪后，在世界贸易组织（WTO）和多种纤维协定（MFA 协定）的双重利好下，中国纺织行业一骑绝尘，2015 年纺织品和成衣的出口份额，中国在全球市场分别占有 37.8% 和 39.5%，同时承担了全球 70% 的合成纤维生产。从宏观角度，可以看作中国几十年来的积淀打通了服装纺织行业的外部循环（图 2-3）。

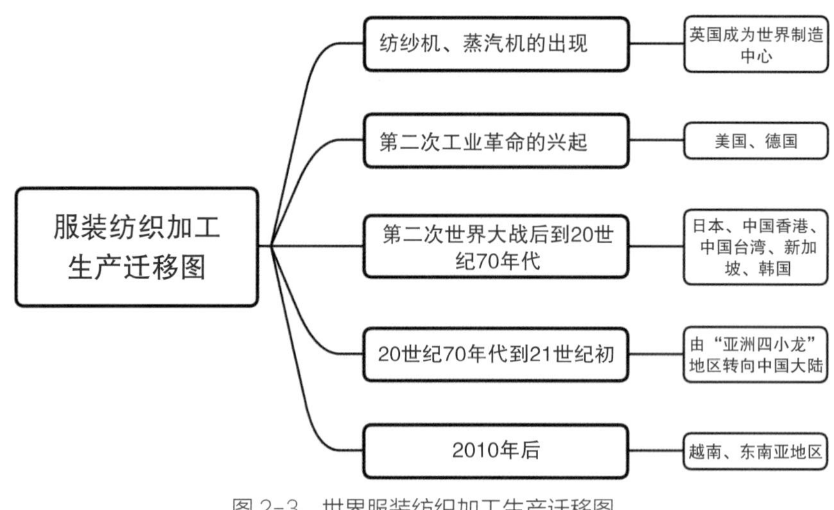

图 2-3　世界服装纺织加工生产迁移图

随着经济的高速发展，中国经济模式迫切面临改革，因此，2015 年在国家层面提出了供给侧结构性改革这一战略思想，其根本目的就是希望摆脱原先单一的商品出口，转而要求提升产品的质量和科技含量，充分利用庞大的国内市场，建设中国的经济内循环。

上至国家层面如此，下映射到服装品牌亦是如此，管理的智慧在于平衡，企业也需要平衡，转型也不是要求完全的摒弃，而在于适当取舍，调整权重。

（三）可持续的设计法则

从经济可持续性的角度来看，箱包鞋品设计要着眼于创造长期价值，降低生产成本，提高市场竞争力，同时确保企业能够持续盈利且对社会和环境负责。这意味着设计过程要以提高效率和盈利能力为核心，同时不牺牲未来代际的福祉。

设计时，需考虑产品的全生命周期成本，包括原材料采购、生产过程、物流配送、零售环节以及产品的使用寿命和最终处置。通过优化设计，可以减少材料和能源的使用，降低不必要的成本投入，同时也可以减少制造和运输过程中的环境影响，这些都是提升经济可持续性的关键措施。

设计师还要紧跟市场趋势，满足消费者对质量、功能性以及时尚感的需求。产品设计要有足够的灵活性以适应市场变化，避免过度专注于短期潮流产生的快速淘汰，这样不仅能减少库存积压的风险，也能提高品牌的市场定位和消费者的忠诚度。

二、箱包鞋品设计的商品性法则

所谓的商品性是指产品具有的能用于交换的特性，具体地讲就是：针对产品的目标客户，对消费者需求的满足度和与竞争产品相比具有的竞争力的特性。箱包鞋品设计的商品性法则是结合了市场营销、消费心理学、设计美学以及工业生产实践的综合性指导性准则，旨在确保设计的产品能够在竞争激烈的市场中占据一席之地。在学术性的探讨中，这些法则通常会从几个维度进行综合性的阐述。

产品设计需要满足目标消费者的需求和偏好是最重要的。这意味着设计师必须深入研究目标市场的用户群体，了解他们的生活方式、价值观、消费习惯和审美趋势。这种市场导向的设计思维确保产品具有针对性，并且能够引起特定用户群体的共鸣。

其次，商品性强调的是设计的实用性、功能性、成本，以及生产的可行性。对于箱包鞋品来说，设计不仅要美观，还要考虑到实际使用中的舒适度、耐用性和便携性。设计师需运用人体工程学和材料科学的知识，确保产品在满足基本功能的同时，也能提供额外的价值，比如增加防水性能、提高空间利用效率等；在可行性方面，一个设计方案不管其创意多么新颖，如果成本过高或生产过程复杂到难以实施，那么这个设计在商业上就是不可行的。因此，设计师在设计时需要充分考虑材料选择、制作工艺和批量生产的可能性。

此外，强调商品性的设计也要能够适应市场变化和技术发展，这意味着设计需要具备一定的前瞻性和适应性。随着新材料、新技术的出现，以及消费者偏好的不断变化，设计师应当能够预见未来趋势，并将这些因素融入设计之中。同时，品牌识别也是商品性法则的一部分。设计需要与品牌形象和价值观保持一致，通过设计传达品牌故事，建立与消费者的情感联系。这种品牌的连贯性和识别性有助于产品在市场上建立独特的地位，从而提升商品的附加值。

三、箱包鞋品设计的市场效用法则

箱包鞋品作为时尚产业的重要组成部分，企业不仅仅要在产品设计时充分考虑，如是否符合时代审美和消费者的功能性需求等，也应从市场经济的常见基本规律出发，如价值规律、市场供求关系、竞争规律等，做出符合企业发展愿景的市场战略决策。在经济全球化和产业革新的背景下，能否把握住箱包鞋品设计的市场效用法则无疑是品牌能否在市场中长期生存和盈利的关键。

具体来说，即要求设计师结合对市场的宏观判断来进行产品研发，让设计决策更多基于对市场关系的深刻理解。如目标用户的消费倾向是否在发生变化、市场上的同级企业竞争差异如何体现、政府部门在相关领域制定的国家标准是否有变化等，来预测商品的销售规模、销售策略，以便于做好相应的产能准备和宣传投入。只有经过对市场数据、消费者行为以及行业趋势的深入研究，才能确保设计方向与市场需求相匹配，才能产生合理的品牌溢价，使企业获得更高的利润率，让产品在市场中更具竞争力。

（一）市场供求关系

从市场供求关系的角度来看，箱包鞋品的设计必须紧跟市场的变化。消费者的喜好是不断变化的，这种变化可能由新兴的时尚趋势驱动，也可能由社会文化变迁所影响。设计师需要洞察到这些变化并迅速反应，通过设计来调整产品的供给，以满足市场的需求。在供不应求的情况下，独特且具有吸引力的设计可以为企业创造更高的市场需求，从而实现商品溢价。

（二）商品溢价趋势

商品溢价趋势是市场经济中产品附加价值的直接表现。在箱包鞋品市场中，溢价通常与品牌形象、设计独特性、制作工艺以及材质的稀缺性等因素紧密相关。设计不仅仅要追求形式上的新颖和功能上的完善，还要传递一种文化和价值观，这种无形的价值往往是消费者愿意为之支付额外价格的主要原因。高端品牌通过限量版设计、特殊材料或与知名设计师合作等方式来增强产品的独特性和稀缺性，进而在市场中形成溢价。

同时，市场效用法则也表明了产品设计的成功与否并不完全取决于其内在的实用价值，而更多地取决于能否满足消费者心理上的预期。消费者对箱包鞋品的购买行为往往是出于对品牌故事的认同、对产品独特性的追求以及对时尚潮流的跟随。因此，设计师在创作过程中需要考虑如何让产品讲述一个故事，如何与消费者建立情感上的联系，以及如何通过设计来传达特定的生活方式或价值观。

在实践中，市场效用法则还要求设计师要具备一定的市场敏感度，能够预见到某些设计元素、颜色或材质可能在未来的某个时期内成为流行趋势。这种预见性要求设计师不断学习和观察，同时也需要他们与市场营销团队紧密合作，以确保设计的产品能够在正确的时间以正确的方式推向市场。

从长远来看，市场效用法则还涉及品牌的可持续发展。箱包鞋品设计不仅要在当前市场中实现盈利，还要能够在未来的发展中保持品牌的活力和竞争力。这就要求设计师在创新的同时，也要考虑到设计对品牌长期价值的贡献，如何通过持续的设计创新来巩固品牌的市场地位，并适应市场的变化。

箱包鞋品设计的市场效用法则是一个复杂的系统工程，它要求设计师在创造美学价值的同时，也要充分理解和运用市场供求关系以及商品溢价趋势这些经济学原理。设计的成功不仅取决于产品本身的品质和功能，更在于其能否与市场需求相吻合，能否在消费者心中形成独特价值，并最终在市场中实现溢价。因此，设计师需要具备跨学科的知识和技能，能够在创意、市场经济学、心理学及社会学等领域之间进行综合运用和平衡。通过这样的方式，箱包鞋品设计才能真正实现其市场效用，为品牌创造持久的商业成功。

第二节　箱包鞋品设计的分类法则

伴随科技水平和生产力的发展，在人类社会从低级文明到高级文明的历史演变过程中，服装服饰品类也由单一转向多元。在箱包鞋品中，具体表现为生产要素的多元化、产品种类的多元化、使用场景的多元化等，箱包鞋品正逐渐成为人类社会生活中文化、经济水准的象征。

从产品的受众分类角度来看，现代箱包鞋品的受众群体大致可分为幼童、青少年、成年群体、中年群体、老年群体，以及一些少数群体，如残障人士和特定职业的从业人员。在这些受众群体中，设计师需要以不同年龄群体的不同特性和不同性别角度为设计区分标准，同时结合具体的生活场景中的应用、相关职业场景中的应用，以及可能出现并流行的未来场景，去寻找相关市场中尚有空间的产品设计方向。

从产品的服务功能角度来看，箱包分为四大类，分别为商务箱包、旅行箱包、休闲箱包，以及用于特定职业场景的功能性箱包。商务箱包不难理解，常指如电脑包、公文包等主要使用于人们的工作和商务场景中的箱包；旅行箱包，常见如拉杆行李箱、旅行背包等；休闲箱包主要用于日常生活或户外休闲，如双肩包、女士手提包、户外运动包等；特定职业场景的功能性箱包主要取决于职业特征，如摄像包、医用包等。同类，鞋品也可以按照相同的方式进行分类和针对性设计。

本节主要将箱包鞋品的类别分为“适用性”“功能性”“装饰性”三个类别进行阐述，旨在帮助学生更好地了解产品划分。

一、箱包鞋品的适用性类别

箱包鞋品的适用性类别主要指的是从客户的最基础需求出发，设计与之相适应的产品。综合来说，可以从护体性能、礼仪性能和舒适性能三个主要角度进行全面阐述。这些类别不仅涵盖了物理属性，还包括了它们在社会互动和个人体验中的作用。

（一）护体性能

在服饰起源的诸学说里，最常见且最具普世性的说法即为适应不同气候环境、自然条件的“衣护体”需求。那么箱包鞋品的设计首先也应当是满足这一最为基础的功能，或为护体，或为护物（图 2-4）。

图 2-4　早期鞋品的纯粹护体需求

鞋品的最初功能是保护双足，避免在粗糙不平的地面上行走给足部造成伤害，然后才是满足更进一步的多功能性护体需求，以及在这之上的礼仪性需求。这里的多功能性护体需求主要是满足在不同使用场景下的护体，例如在施工场景中的工作鞋或安全鞋有钢头设计来保护脚趾免受重物压迫的伤害；登山鞋的防滑大底和加固的脚踝设计，可以在崎岖不平的地面为穿着者提供稳固支持，防止扭伤；此外还有高性能的运动鞋，通过使用特殊材料和设计可以吸震减压，以减少长期锻炼导致的关节和韧带伤害。

箱包不同于鞋品，除了护体外，护物也同样重要。箱包的外部结构可以使内容物不受外界环境如水、尘等的损害，同时还可以通过箱包的内置结构保护，来减少内部物品因外力碰撞导致的损害，常见的如相机包、电脑包以及硬盘保护包等，这些箱包的内部都设有防震层来更好地完成护体作用（图 2-5）。

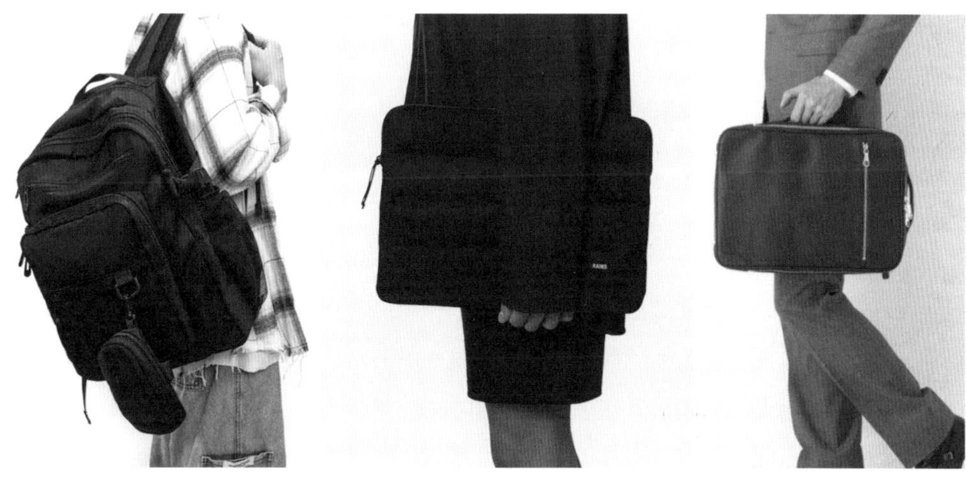

图 2-5　现代箱包的护体、护物需求

当然，在一些特殊群体中，箱包的护物功能实质上也是为护体服务的，例如安保人员的箱包除了保护物体外，还需具备防弹、防摔的特征，以便在特殊情况下保护使用者的人身安全。

（二）礼仪性能

礼仪性能强调的是箱包鞋品在各种社会场合中所扮演的角色和所体现的社会礼仪标准。譬如在某些正式场合，男士通常需要搭配皮质公文包而非休闲背包，这是对于场合的尊重，也是对于自己角色的认知。在一些特殊的文化礼仪中，箱包鞋品的选择还可以传递出对于宗教信仰和传统习俗的尊重。

在正式的商务场合，一双精致的皮鞋配合简约大方的手提包，可以显得专业和庄重。在不同的文化和社会中，鞋品和箱包的选择和搭配都有其特定的礼仪含义，比如西方文化中，黑色的正装鞋代表着正式和严肃，而亮色或休闲款式更适用于轻松的社交场合；在中国的文化语境下，红色通常代表着喜庆和热闹，在婚嫁活动等礼节性场合中最受欢迎，除了颜色外，搭配上美好寓意的纹饰也同样重要（图 2-6、图 2-7）。

图 2-6　中国婚嫁礼仪中常见的箱包

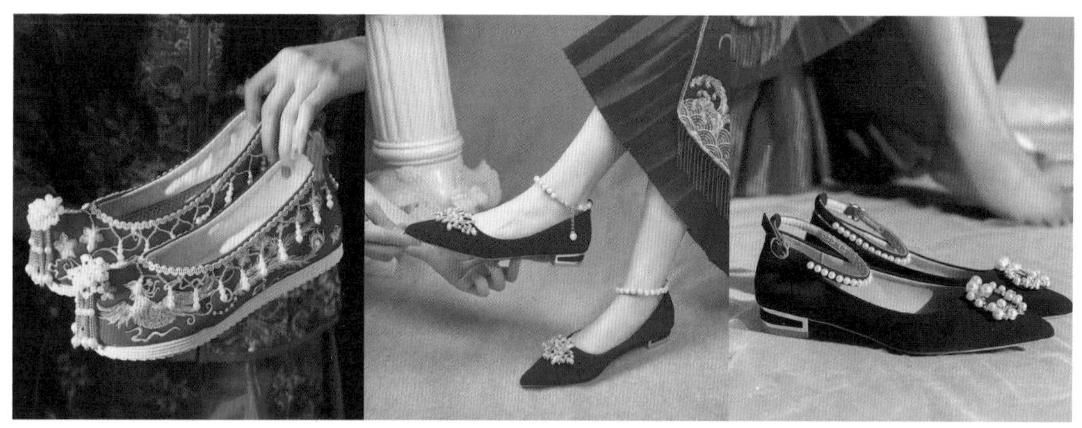

图 2-7　中国婚嫁礼仪中常见的鞋品

（三）舒适性能

舒适性能关注的是箱包鞋品在使用中或穿戴时给予人的感官体验，设计师在产品研发时应充分考虑人体工程学。

作为鞋品来说，能否贴合用户的脚型、能否为用户提供足够的足部支撑和缓冲，确保长时间穿着不会导致脚部疲劳或疼痛是至关重要的。同时，在具体的产品类别中也存在着侧重差异，例如运动鞋的设计强调轻质材料和良好的透气性，以满足运动时的舒适度，而日常穿着的鞋子，如休闲鞋或者平底鞋，设计上则注重减少对脚部的压力，提供合适的内部空间以避免挤压（图 2-8）。

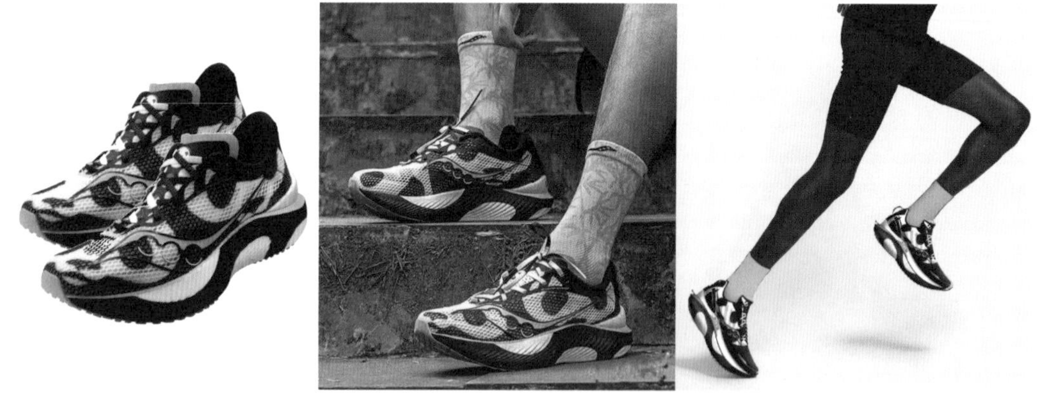

图 2-8　符合人体工程学的鞋品

当谈到箱包的舒适性能时，设计的人体工程学方面主要指背包的质量如何分配、背包的结构如何设计、采用何种材质能更贴合使用者的需求等，不合理的设计不仅会影响到产品的销售，更可能会对使用者本身造成伤害，如使用时背部或肩部产生疼痛。

箱包鞋品的综合实用性考量，不仅是单一性能的堆砌，而是要在护体性能、礼仪性能和舒适性能之间寻求平衡。设计师需要在材料选择、结构设计以及造型美学之间做出权衡，确保产品在满足基本功能的同时，也能适应社会礼仪的需求，并为用户提供良好的舒适体验。

二、箱包鞋品的功能性类别

箱包与鞋品的功能性设计是一个综合使用场景、用户需求、材质性能等多方面因素的创新过程。设计师在进行功能性设计时，不仅要关注产品的美观和潮流趋势，更要深入研究和解决实际使用中的问题，使产品能够在特定环境下提供更加专业和细致的服务。伴随物联网、人体工程学、材料科学等新技术的不断加持，当代箱包鞋品的功能性设计被推向了一个新的高度。

功能性设计时离不开人体工程学，也离不开对人体运动机制的了解，设计师应当对此进行充分研究，以确保产品的舒适性和减少使用过程中可能产生的疲劳，减少对身体的负担。例如，在设计旅行箱时，就要考虑到产品的拉杆高度和手柄设计是否符合人体工程学，以减少拖动时的手臂压力。鞋子的设计则需要充分考虑脚的形状和步行时的压力分布，确保在行走中提供足够的支撑和缓冲。在选择材料时，要了解不同材质的物理和化学特性，如强度、弹性、透气性等，设计师需要根据产品的使用需求和环境条件，选择合适的材料。例如，使用在极端环境中的鞋品，就需要采用耐高低温、抗磨损的特种材料。

此外，对于新技术应用的关注和尝试在箱包鞋品设计中也是不可或缺的。新事物的产生是科学发展的必然，也是不可逆的行为，新的尝试不仅能让设计师更好地满足消费者的实际需求，还可以为箱包鞋品的制造企业带来新的机遇。

（一）与职业相关的功能性类别

与职业相关的箱包鞋品功能性设计更为专业和细化。在这一类别中，产品更强调使用场景和用户需求，不同行业的特定产品在材料、造型、结构上往往天差地别。

1. 具有一定劳动强度和危险性的功能性类别

对于有一定劳动强度和危险性的职业从业者，往往对产品的工具携带功能、产品的耐用性、材料牢度等方面有较高要求。但这并不意味着此类的箱包在造型和结构上是千篇一律的，设计师还应当结合实际场景甚至是不同工种间的使用习惯来综合考虑产品设计问题。

以箱包设计为例，笼统地来说，设计师首先需要满足的就是如何使得箱包有更强的承载力，甚至在通过不同结构分割后能应对不同大小的储物需求，同时，在储物功能实现后，也要考虑使用者的便携问题。在具体的使用场景中，对于电焊工等职业，还需要考虑材料的绝缘性；如果是矿工等需要谨防意外的职业，还应当在材料处加有荧光反射的细节，以便人员在发生意外时能够迅速被找到；如果是军人等职业，那么在满足载物的同时，还应当考虑如何通过材料和结构来减少负重等问题（图 2-9）。

图 2-9　与职业相关的功能性包

鞋品在此类设计中与上述箱包的设计大同小异。首先是更强的护体需求，然后是细化的设计，如对于消防员和军人等在突发情况下需要疾跑的职业，应当减少传统鞋带的设计，转而化为松紧口或者魔术贴等易固定、不易松脱的束脚方式。对于工作环境危险的职业，需要加上明显的反光条，以便在特殊情况下被找到（图 2-10）。

图 2-10　与职业相关的功能性鞋品

2. 特殊群体的功能性需求

本书所提到的这类受众，指的是因先天或后天意外导致的身体残疾，或如作战部队等，需要借助现代科技来补全或强化原有身体强度的群体。这一功能性需求的满足主要得益于外骨骼技术的研发。

外骨骼结构的设计和应用是一个跨学科的技术领域，涉及机械工程、材料科学、生物医学、人体工程学等多个学科。其核心目标是通过外部结构的支持，增强或恢复人体肢体的机械功能。随着技术的发展，外骨骼结构不仅在医疗康复领域发挥着重要作用，也在工业、军事和日常生活中得到了广泛的应用。

在设计外骨骼结构时，设计师首先需要深入理解人体运动的生物力学原理，以及人体各关节的运动范围和力量分布。基于这些信息，设计师可以确定外骨骼的关节位置、活动范围以及所需的力矩输出。例如，在设计一个用于上肢康复的外骨骼时，关节设计必须与人体肩、肘、腕关节的运动轨迹相吻合，而且要能够提供足够的动力来辅助或引导患者的运动。

材料的选择对外骨骼的性能至关重要。理想的外骨骼材料应该具有高强度、轻质量、良好的耐磨性和生物相容性。传统金属材料如钢或铝合金因其强度高而被广泛使用，但其质量较大，可能限制外骨骼的活动性和佩戴舒适性。因此，碳纤维复合材料、高性能塑料和先进合金等新型轻量化材料日益受到青睐。这些材料不仅减轻了整体质量，还提供了更好的灵活性和耐用性，有助于提升外骨骼的穿戴体验。

在不同的使用场景下，外骨骼结构的设计需求也会有所不同。例如，在医疗康复领域，外骨骼通常需要具备精准的传感和控制系统，以便监测患者的运动状态并提供个性化的辅助，这些系统往往要集成高精度传感器和微处理器，并通过软件算法来达到对运动的精细调控；在工业应用中，外骨骼可能更注重于提供额外的力量支持，帮助工人完成重物搬运等高强度劳动，这类外骨骼结构可能会集成液压或电动驱动系统，以提供足够的动力输出；而在军事领域，外骨骼结构除了要提供力量和支持外，还要考虑隐蔽性、兼容性与快速部署能力，以适应复杂多变的战场环境（图 2-11）。

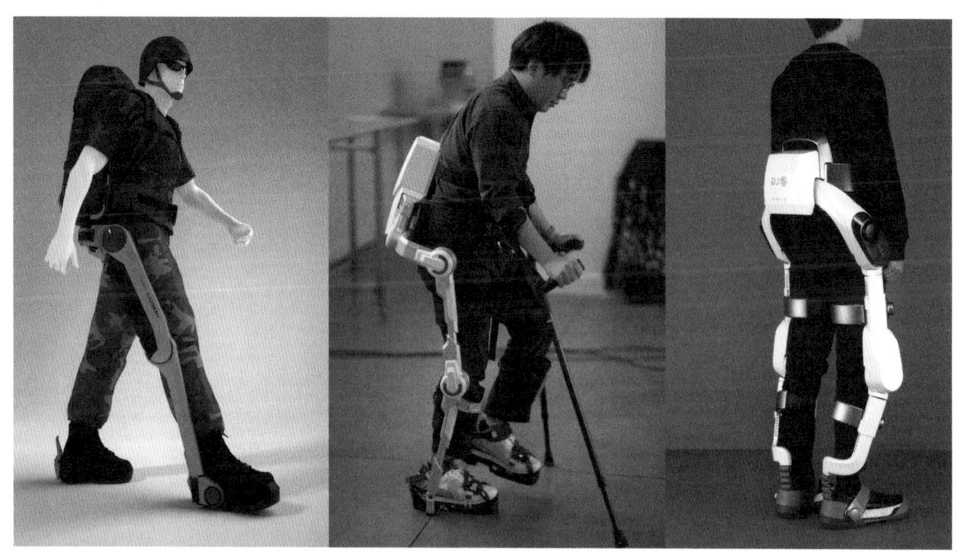

图 2-11　外骨骼鞋品的应用场景

3. 需要强护体性的功能性需求

这类需求往往不仅针对单纯的物理护体需求提出的，更多地需要满足化学腐蚀和生物污染的护体需求。例如，医疗行业的工作人员需要易于清洁和消毒的箱包和鞋品，设计上要能够防止细菌和污染物的侵入。这就要求能够承受频繁的清洗，同时表面有耐腐蚀性的材料。再如，户外探险者的背包和鞋子就要具备良好的耐用性和适应性，以应对复杂多变的自然环境。背包的设计要能够分散负重，减轻身体负担，并且有足够的容量和防水防摔的功能。鞋品则要有良好的支撑性和适应多种地形的大底设计（图 2-12）。

在进行功能性设计时，还要考虑到产品的可持续性与环境友好性。设计师在选择材料和制造工艺时，应考虑到材料的可回收性，以及生产过程中对环境的影响。设计出的产品不仅要在使用功能上满足需求，还要在生命周期结束后能够降解或回收利用，以减少对环境的负担。

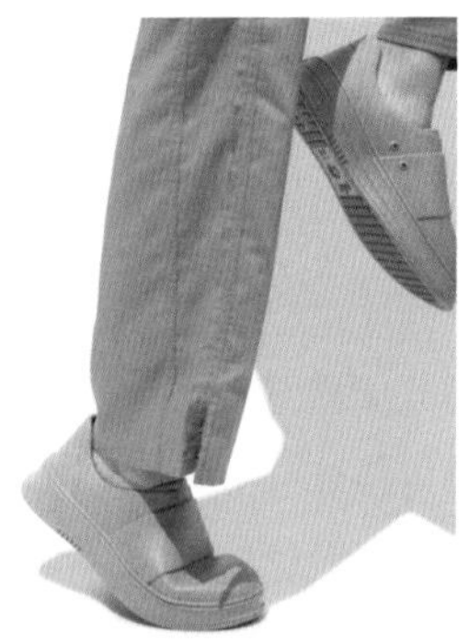

图 2-12　具有防菌功能的护士鞋

功能性设计的核心在于创造出既能够满足专业需求，又能够适应日常生活的产品。只有通过不断地设计实践和新的尝试，功能性箱包与鞋品才能够更好地服务于人们的生活和工作，提升使用体验，推动整个产品类别的发展和进步。

（二）与生活相关的功能性类别

本书所指的与生活相关的功能性类别，不仅是我们常见的一些储物等功能需求，更多的是对依靠新技术实现的多功能需求进行阐述。

在箱包的类别中，以近年来热度最高的可骑行行李箱设计为例。可骑行行李箱融合了便携性、实用性与现代交通工具的功能。该设计常为经常远途出行的人或儿童提供便利，特别是能帮助人们在机场、火车站或城市环境中快速移动（图 2-13）。

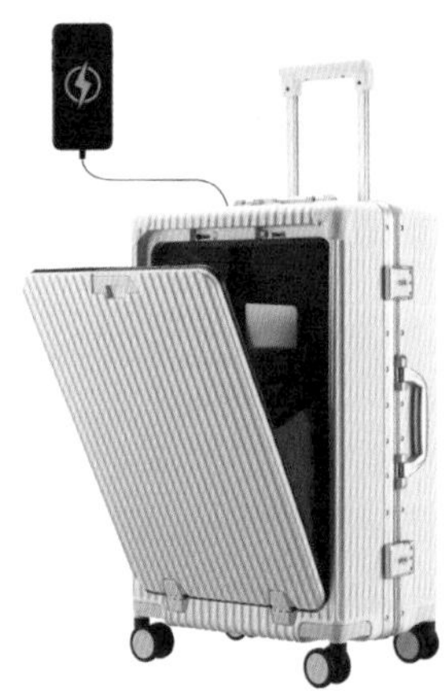

图 2-13　可骑行可推拉的行李箱

可骑行行李箱的设计要考虑以下几个关键方面。

（1）结构强度和稳定性。可骑行行李箱需要承载乘坐者的重量，因此需要拥有坚固的框架和结构。材料可能包括铝合金、碳纤维或强化塑料，以确保既轻巧又具有高强度。

（2）可折叠机制。为了在不骑行时能够像普通行李箱一样使用，设计中应包括简便的折叠机制，使座椅和脚蹬能够折叠进行李箱体内。

（3）驱动和转向系统。简易的驱动系统，比如脚蹬或电动马达，可以集成到行李箱中，以供用户选择。转向系统必须直观好用，确保行李箱在骑行时的操控性和安全。

（4）内部空间。在集成了复杂的机械组件的同时，行李箱仍需保证足够的储存空间，以及对如计算机等易损坏物品的特殊保护功能。这需要设计师进行细致的构思，可通过如使用空间高效的折叠组件和多功能隔层等方式实现。

（5）扩展功能。设计时还可以考虑增加额外的功能，比如 GPS（全球定位系统）追踪、防盗系统、USB 充电端口等，以提升产品的吸引力。

（6）法规和标准。设计的产品能否上市还需取决于法律、法规以及相关的行业标准，这方面可以参考“全国标准信息公共服务平台”的公告。

以鞋品为例，在 20 世纪初曾流行过一段“暴走鞋”热，即在鞋底装上可折叠式的滑轮，来满足消费者日常生活中的娱乐性，同时为避免单纯轮滑鞋所具有的不可控性，“暴走鞋”还兼具了日常鞋的所有功能，在当时得到了许多消费者的喜爱。

近年来在技术的推陈出新下，一些更具科幻感的产品也应运而生。例如耐克公司推出了“重返未来”系列的鞋子，这款鞋不需要鞋带及相关辅助的束缚工具，只需要穿入便可根据穿着者的足部形状自动调节松紧，同时在鞋底还设计了可以亮光的功能。当然，时下结合新技术的功能性鞋品远不止如此，还有例如为防止老人和儿童遗失而装有 GPS 芯片定位的鞋等（图 2-14）。

图 2-14　生活场景中可见的功能性鞋品

三、箱包鞋品的装饰性类别

装饰性箱包鞋品设计指在满足消费者实用性需求的同时，满足消费者在社会礼仪与特定场合下的装饰性需求，其核心在于平衡产品的日常性与特殊性，并且还应适应不同的社会文化背景。

在进行装饰性设计前，设计师首先要了解设计的服务对象。例如装饰性的箱包鞋品应用在哪些场合？是强调身份性的时尚晚宴？还是表达个人审美的日常装饰？我的设计受众者是谁，他们对箱包鞋品的装饰又具有哪些要求？对于不同消费阶级的人，又如何满足他们的多样装饰性需求呢？因此，笔者将装饰性设计大致分为日常的装饰性、社会礼仪下的装饰性和特定场合下的装饰性三个类别，下面做具体阐述。

在进行装饰设计时，设计师的创意主要从箱包鞋品的结构特征、图案特征、色彩特征以及材料特征这四个角度考量。结构设计的好坏有时更能决定消费者的选择与否，例如在鞋品方面，装饰性的前提一定是鞋品必须合乎于体，如果一双鞋穿起来硌脚，那么它的销售一定不会好；在图案和色彩方面，消费者的选择往往能反映他们的审美偏好，选择典雅风格和带历史文化感的产品和选择怪诞涂鸦风格产品的，一定是两类消费群体，设计师需要结合目标受众群体明确产品的图案定位；在材料方面，则是结构表现和色彩图案的承载体，设计师需要在产品的生产成本范围内多次斟酌，且需要考虑到材料的耐用性和消费者的后期清洁需求。

（一）消费者日常的装饰需求

消费者日常的装饰需求不等同于一般实用品和日常品，因为“装饰”一定是具有审美价值的存在，但同时“日常”又决定着它一定不会具有非常强的场合属性，如礼仪属性和奢华精致属性。

在设计此类产品时，设计师需要深入理解和把握消费者在不同生活场景下的装饰需求，并巧妙地将这些需求融入产品的设计元素中。对于上班族来说，他们可能需要一个既能装下笔记本电脑又不失时尚感的公文包或手提包；在逛街等休闲场景下，消费者往往偏爱轻便、休闲且具有个性的设计，设计师可以选择使用更加活泼的色彩和更加随性的形态设计等，在鞋品上则会更加注重鞋品的轻便舒适性；在诸如参加家庭聚会或者朋友的生日派对时，消费者所选择的箱包和鞋品往往会更加注重时尚和个性化的表达，设计师可以在这些产品上加入一些独特的元素，比如亮片、绣花或者是趣味的图案设计，这样不仅能够让消费者在这些场合中成为众人关注的焦点，而且还能够展示出他们对于时尚的敏锐嗅觉和个性化的选择（图 2-15）。

图 2-15　日常的箱包鞋品搭配

如何在生活中进行个性化的时尚设计是一个复杂而细腻的过程。设计师要培养敏锐的市场洞察力、丰富的想象力，以及对不同生活场景下的消费者需求的深刻理解，才能在激烈的市场竞争中脱颖而出，赢得消费者的青睐。

（二）社会礼仪下的装饰需求

社会礼仪下的装饰需求更注重箱包和鞋品在形式上的适应性，设计时需要充分考虑产品与穿着场合的匹配度。特别是在一些正式性的宴会中，设计的重点就在于如何让产品既能够凸显佩戴者的品位，又不失得体和尊重，例如搭配精致金属扣件或者面料纹理，来提升产品的礼仪性（图2-16）。

图2-16 商务场合下的箱包鞋品搭配

（三）特定场合下的装饰需求

特定场合是指非常规，但又对着装有着较高要求的场景。例如高级晚宴、电影节和时尚秀场等，要求箱包和鞋品具有更高的装饰性和标志性。在这些场合，产品不仅是陪衬，更是展现个人风格和社会地位的重要媒介。设计师在这里可以大胆创新，运用鲜明的颜色、独特的形状或者是引人注目的材料，如亮片、珠宝等高级装饰元素，来吸引目光，使得箱包和鞋品成为全身造型的亮点（图2-17、图2-18）。

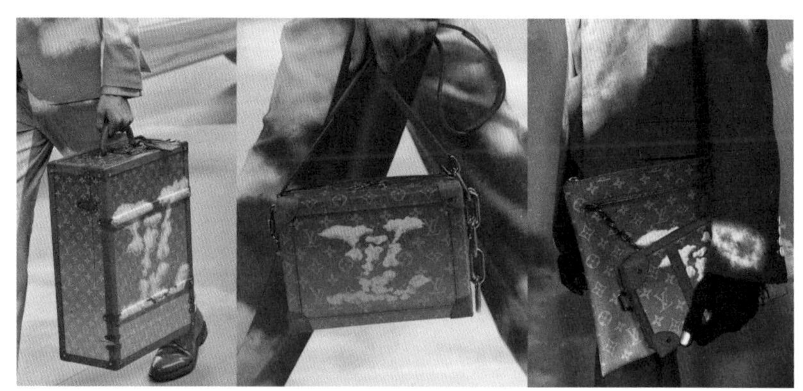

图2-17

图 2-17　时尚秀场中的箱包鞋品搭配

图 2-18　适合高级晚宴的鞋品

总之，箱包和鞋品的装饰性设计是一个综合性的艺术活动，它需要设计师不仅具备前瞻性的设计观念，还要有对社会文化的深刻理解以及对不同消费者需求的敏感洞察力。通过在实用性和装饰性之间取得平衡，设计师能够创造出既符合日常穿戴，又适应社会礼仪和特定场合需求的时尚产品，从而满足现代社会多元化的装饰需求。

第三节　箱包鞋品的搭配法则

在当代时尚的语境中，箱包与鞋品的搭配不再是简单的颜色和形状匹配，更强调与个人品位、生活方式和时尚风格的综合搭配。

在进行箱包鞋品的搭配时，可从服饰搭配的相关概念中寻找灵感。服饰搭配，即“fashion coordination”，是指服饰形象的整体设计、协调和配套，不仅包括了衣服、鞋品、箱包、帽饰等，还需同个人妆容、个人气质和身体习惯一同考量。同理，箱包鞋品的搭配既与其本身有关，又与穿着者的衣服、周围环境等因素密不可分。总体而言，箱包鞋品的搭配包含款式要素、色彩要素、配件要素以及个人条件要素等，这些要素相互交错，影响着整体的着装面貌。

搭配是一门综合性的艺术。人的穿着形象也不是由拎着的一个包或穿着的一双鞋单独构成的，它是整体观感下的产物。对于时尚从业者来说，选择合适的配饰品类往往更能激发出一个人的时尚韵味，箱包鞋品同衣物一样重要，一旦脱离了组合，往往会失去整体感和秩序感，就很难展示具有个人风格的时尚了。

一、箱包鞋品的色彩搭配法则

中国民间中有“远看颜色近看花”之说，造型艺术素有“形与色的艺术”之誉。瑞士著名色彩学家依顿曾经这样说过：“无论造型艺术如何发展，色彩永远是首当其冲的重要造型要素。”由此可见，色彩在人类生活与艺术创作中的重要意义。色彩是服饰构成的要素，具有极强的表现力和吸引力。色彩与配色是服饰设计的一个重要方面，色彩在服饰美感因素中占有很大的比重。此外，国际流行趋势预测机构对流行色趋势的定期发布和流行色世界性的广泛传播，无不验证了色彩在整个服饰领域乃至整个时尚领域中都在演绎着重要的角色。

（一）箱包鞋品的基本配色方法

色彩学是一门横跨艺术与科学的学问。色彩现象本身是一种物理光学现象，通过人们生理和心理的感知来完成认知色彩的过程，再通过社会环境的影响以及人们实际生活的各种需求表现于生活之中。

1. 色彩的种类

根据色彩的种类，可大致分为原色、间色、复色三类。

（1）原色。原色又称为基色，通常可分为颜料三原色和色光三原色。国际照明委员会（CIE）将色彩标准化，正式确认色光的三原色是红、绿、蓝，颜料的三原色是红（品红）、黄（柠檬黄）、青（湖蓝）。色光混合变亮后产生白光，称为加色混合；颜料混合变深后产生黑色，称为减色混合。

加色模式又被称作 RGB 模式，是电子显示器中常见的一种色彩模式。由于电子屏幕自身会发出光亮，人们看到的色彩是由三原色叠加产生的，三者剂量相同的叠加就是白色。减色模式被称作是 CMYK 模式，常被用于设计印刷品。由于印刷制品类的东西是本身不会发光，人们观察它的颜色是要依赖于反射的外部光线，而 CMYK 模式是涂料吸收掉了白光中的部分光，之后反射出来的光线（图 2-19）。

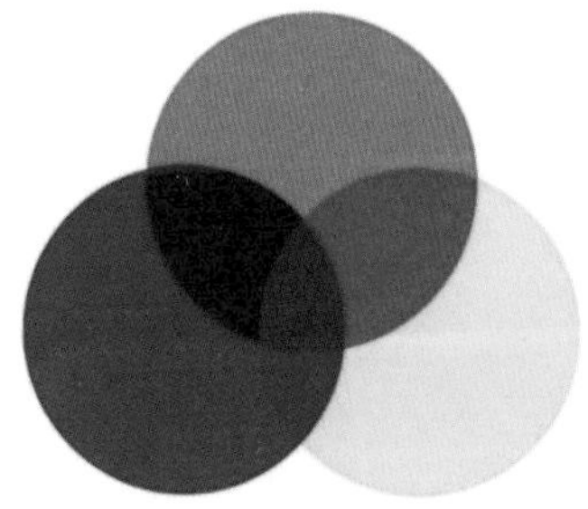
（a）减色混合（CMYK）

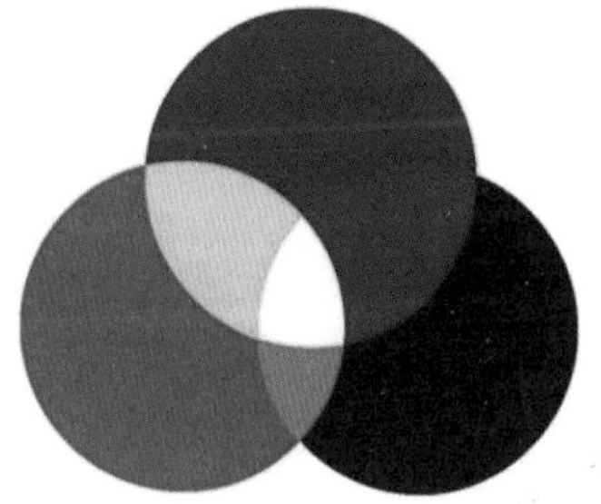
（b）加色混合（RGB）

图 2-19　减色、加色混合的三原色

颜料三原色中的任意一色都不能由另外两种原色混合产生，而除原色以外的其他颜色则可由三原色中的任意两色或三色按一定的比例调配出来。

色光三原色由英国物理学家托马斯·杨提出，他认为色觉取决于眼睛里的三种不同的神经，且指出一切色彩都可以从红、绿、蓝这三种原色中得到。1959 年赫尔曼·冯·亥姆霍兹对此理论进行了改进，认为一切色彩都可以用红、绿、蓝三种原色的不同比例混合得到，由此奠定了现代色彩理论的基础。1861 年物理学家马克思韦尔用放映幻灯的方式，演示了世界上第一幅全彩色影像。在这次著名的实验中，他将同一个物体分别用红、绿、蓝三种颜色的滤镜拍摄出三张幻灯片。然后用三个幻灯机各配上相应的滤镜进行放映，当三个影像准确地重叠在屏幕上时，原物上所有的颜色就重现了出来。马克思韦尔的演示验证了三原色理论和加色法原理。计算机、手机、彩色电视屏幕等就是由红、绿、蓝三种发光的颜色小点组成的。由三原色按照不同比例和强弱混合，可以产生自然界的各种色彩变化。

（2）间色。间色是指由两种原色调和而成的颜色。例如，红 + 黄 = 橙，黄 + 蓝 = 绿，蓝 + 红 = 紫，橙、绿、紫就称为三间色。

（3）复色。复色是指由原色与间色、间色与间色或多种间色和原色相配而产生的颜色。

2. 色彩的属性

此外，色彩还具有色相、明度、纯度三大基本属性，这也是箱包鞋品设计中常用的色彩属性。

（1）色相。色相是色彩的首要特征，即各类色彩的相貌称谓，它能够比较确切地表示出某种颜色的名称。各种色相的形成从光学物理上讲，是由射入人眼的光线的光谱成分决定的。对于单色光来说，色相取决于该光线的波长；对于混合色光来说，则取决于各种波长光线的相对量，即物体的颜色是由内光源的光谱成分和物体表面反射白的特性决定的。其中，红、橙、黄、绿、青、紫色组成了色彩的基本色相，纯色色相通过等距离分割，形成十二色相环、二十四色相环（图 2-20、图 2-21）。

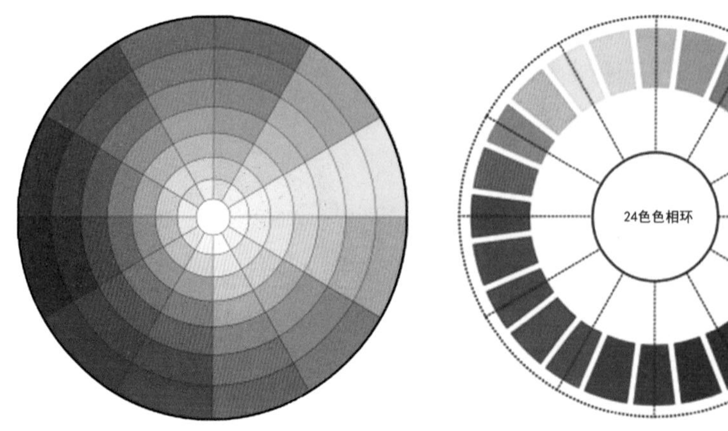

图 2-20　十二色相环　　图 2-21　二十四色相环

（2）明度。明度指色彩的明暗程度，是区别色彩明暗强弱的视觉感知。改变色彩明度最常用的方法就是加入无彩色。无彩色指白色、黑色以及由白色和黑色调和形成的各种深浅不同的灰色。纯白是完全反射的物体色，纯黑是完全吸收的物体色，中间含有各种过渡的灰色。色彩的明度表现有以下两种情况。

一是指同一色相中的不同明度。同一颜色在强光照射下显得明亮，弱光照射下显得较灰暗模糊，同一颜色加入黑色之后明度会变亮，加入白色之后其明度会变暗。二是指各色相色彩间的明度也会有所不同，每一种纯色都有与其相应的明度。黄色、黄绿纯色为高明度色，红色、绿色纯色为中明度色，蓝色、紫色为低明度色。同时，色彩的明度变化也会影响到纯度，如蓝色加入黑色以后明度与纯度都降低了；但若是蓝色加入白色，则明度提高了，纯度却降低了（图 2-22）。

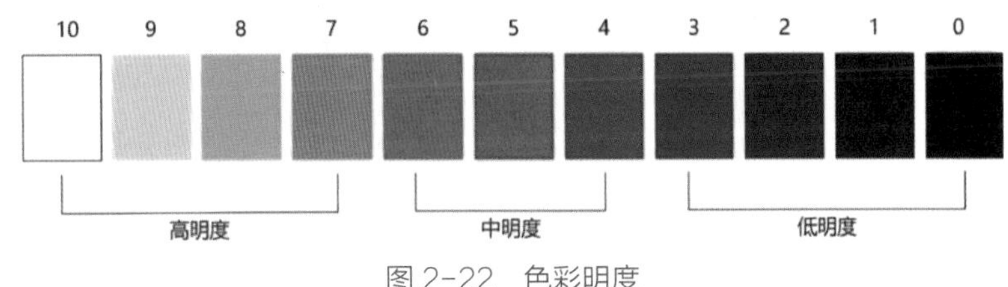

图 2-22　色彩明度

（3）纯度。纯度指色彩的饱和程度或纯净程度，即色彩中所含色彩成分的比例。当一种色彩中混入黑色、白色或其他彩色时，色彩的纯度就会发生变化。色彩中含其他色彩的成分的比例越大，则色彩的纯度也越低；含其他色彩的成分的比例越小，则色彩的纯度越高。

（二）箱包鞋品的配色基本方法

时尚搭配不能孤立地去谈，配色亦如此。配色是将多种色彩因素协调、统一的结果。在设计箱包鞋品的色彩搭配前，设计师应当清楚每种颜色的性格，还要掌握配色的艺术性与配色的基本方法，要懂得如何确立主色调，或者从什么颜色开始设计流程。具体来说，色相、明度、纯度这些色彩的基本属性，色彩的面积、位置、节奏和秩序都是影响色彩设计配色的重要因素。

服饰色彩的搭配与调和的行为主体是人，那么也应当考虑穿着者在特定生理、心理、环境条件下，可能想要的一些色彩搭配，这也是设计师在色彩搭配活动中所需考虑的，即特定需求和使用场景下的配色心理。

1. 同类色的箱包鞋品搭配

同类色在定义上通常指的是色相属性相同或近似的色彩，在十二色相环中一般处于 15° ~30° 夹角内的颜色，常见如橙色和黄色（图 2-23）。

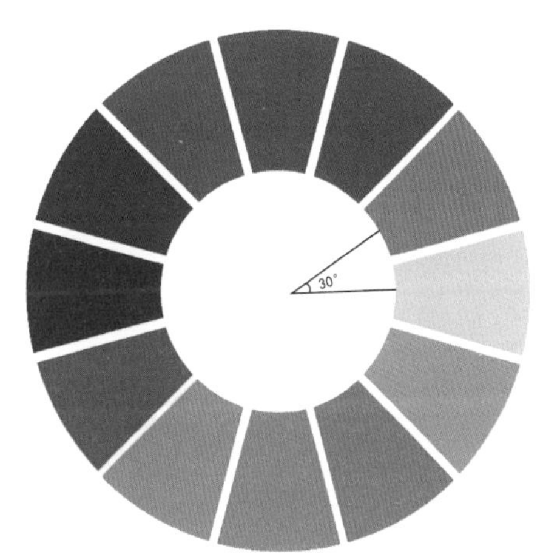

图 2-23　同类色色环范围

同类色搭配是最不容易出错的搭配方案，也是最常用的搭配方案。使用这种配色方法搭配出的服饰色彩常给人以和谐、统一、柔和的视觉效果。同类色调和配色是通过同一种色相，在明暗深浅上发生不同变化来进行配色，如深红色配浅红色、墨绿色配浅绿色、深蓝色配淡蓝色、深棕色配浅棕色等（图 2-24）。

图 2-24　同类色箱包鞋品搭配

2. 邻近色的箱包鞋品搭配

邻近色在定义上通常指在色相属性相近的颜色，在十二色相环中一般处于 60° ~90° 范围之内的颜色都属邻近色，如蓝色和紫色、黄色和红色（图 2-25）。

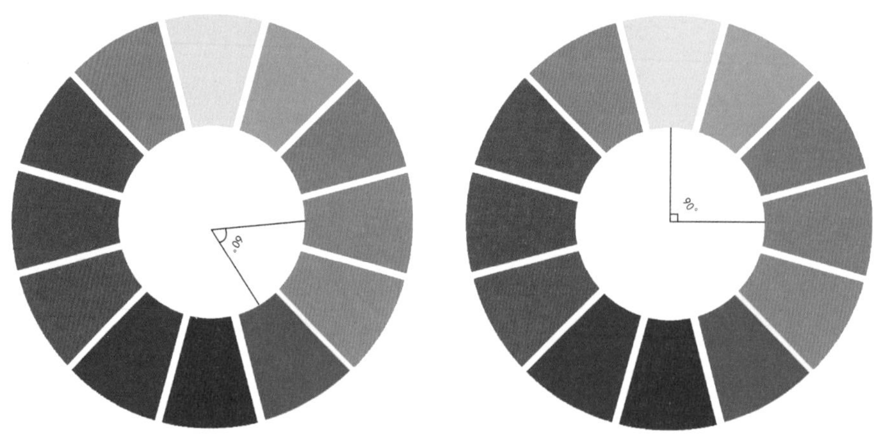

图 2-25　邻近色

邻近色的色彩元素之间相互糅合，如朱红色与橘黄色：朱红色以红色为主，里面略有少量黄色；橘黄色以黄色为主，里面含有少许红色。无论是同类色还是邻近色的配色，其色彩的纯度都有变化。虽然邻近色在色相上有很大差别，但在视觉上却比较接近。与同类色搭配相比较，邻近色搭配的色彩感觉更富于变化，给人以温和、协调之感，在服饰色彩配色中的应用更加广泛（图 2-26）。

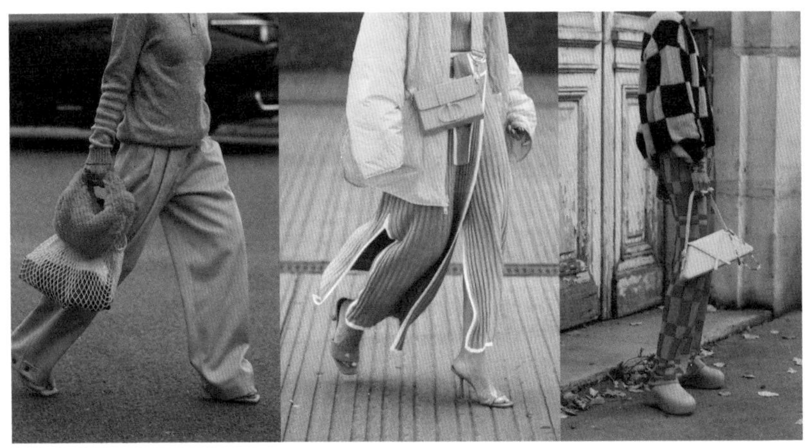

图 2-26　邻近色的箱包鞋品搭配

3. 对比色的箱包鞋品搭配

对比色从定义上来看是色彩属性相对的颜色，在十二色相环中常间隔 120° 左右的位置，常见的如红色和蓝色、蓝色和黄色等（图 2-27）。

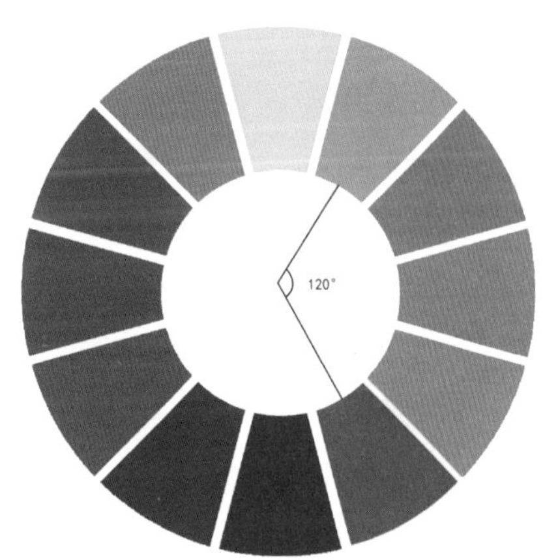

图 2-27　对比色

对比色带有的明显色彩差异性，可以使人物造型呈现出鲜明、个性、活泼的视觉效果，给人的感觉也会比较强烈。对比色常被用于在运动类场景、舞台演出类场景、儿童及青年服装上。对比色搭配在突出个性的同时，也容易使配色产生不统一和杂乱的视觉效果，因此，在设计对比色搭配时，首先要注意其统一调和的因素，特别是对比色之间面积的比例关系，以及箱包鞋品和所穿服饰间的主次关系（图 2-28）。

图 2-28　应用对比色的箱包产品

4. 互补色的箱包鞋品搭配

互补色通常指的是在十二色相环上间隔夹角为 180° 的色彩，常见的互补色有红色与绿色、黄色与紫色、蓝色与橙色（图 2-29）。

在箱包鞋品的色彩搭配中，互补色产生的对比感是最强的，可使画面产生强烈的视觉冲击力。例如“万绿丛中一点红”给人强烈而清新的视觉刺激，这是红、绿两种互补色在相同画面中通过色彩占比差异所造成的。互补色在服饰上的用法与对比色的用法大体相同，在搭配时应当注意箱包鞋品和所穿服饰间的主次关系，如果想要在个人穿搭中突出箱包鞋品，那就要去强化它们的色彩在整体形象中的视觉效果（图 2-30）。

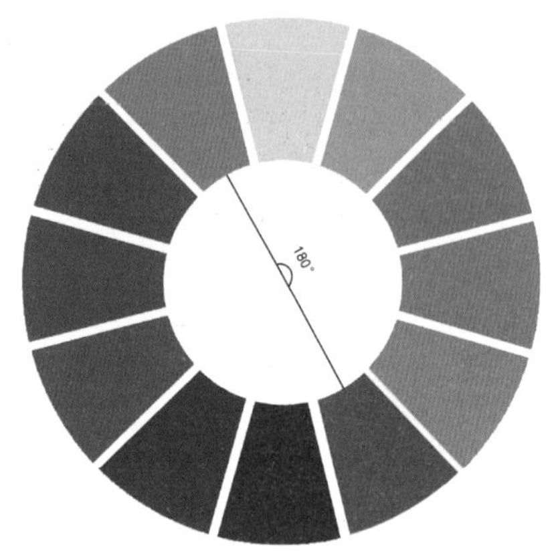

图 2-29　互补色

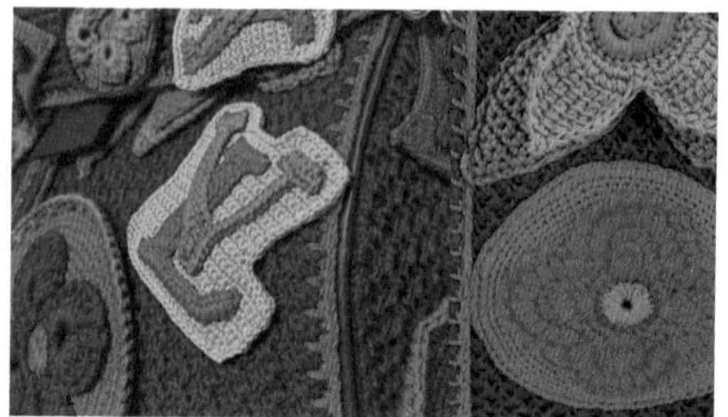

图 2-30　应用互补色的箱包产品

二、箱包鞋品的造型搭配法则

个人的形象是个人品质的全部外部表现。它反映着个人的体型、发型、妆容、服饰、个性、心理和文化修养，特别是人在有意或者无意地选择日常穿搭时，都会塑造出一个具体的形象。《红楼梦》中对贾宝玉第一次出场时的人物刻画，先对其穿着进行细致的描写，如紫金冠、抹额、大红箭袖、粉底小朝靴等，使人读到此处便知贾宝玉是个富贵公子的形象。

人对服饰的穿戴搭配问题自古就受到重视，在当下则更为重要。个人的穿着形象很大程度上决定着在社交和求职时给人留下的第一印象。在与陌生人第一次见面时，对方的形象会让我们进行初步判断，透过服饰去看一个人的性格品质。如穿着鲜艳色彩服饰的人，一般给人性格活泼开朗的感觉，穿着嘻哈风格服饰的人，则让人感觉他对新奇的事物充满好奇。

（一）箱包鞋品款式造型的基本内容

服饰的款式是色彩与面料的载体，款式千变万化，同样的色彩由于不同款式之间的不同组合就会构成更为丰富的服饰面貌。服饰的款式涉及廓形、服饰内部线条组织以及细节的设置三个方面，直接反映了服饰搭配的整体效果。

箱包鞋品款式造型的基本内容涉及对这些产品的整体形态、结构设计、功能布局、材质应用、装饰元素及色彩搭配的综合考量。在设计过程中，这些要素融合在一起，共同决定了产品的最终外观和用户体验。

在整个款式设计过程中，这些基本内容不是孤立进行的，而是相互影响、相互作用的。设计师需不断调整和优化，找到所有元素间的最佳平衡点，以创造出既美观又实用，符合市场需求的箱包鞋品（图 2-31）。

图 2-31 机能风造型的鞋品

（二）常见的箱包鞋品造型搭配

常见的箱包鞋品搭配主要体现在视觉感官的愉悦，需要与穿着风格协调统一，而且在功能与场合的适应性上也要恰到好处。在进行箱包鞋品的造型搭配时，通常会考虑颜色、材质、造型和风格这几个关键元素。

值得注意的是，产品的装饰细节也不容忽略，如金属扣子、拉链等的颜色应尽量保持一致，这样可以在视觉上形成连贯的效果（图 2-32）。

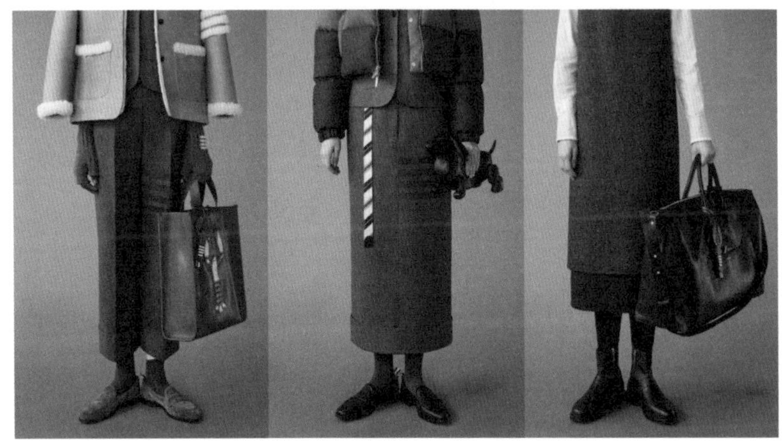

图 2-32

图 2-32　常见的箱包鞋品搭配

三、箱包鞋品的风格性搭配法则

在时尚领域，服装、箱包、鞋品的搭配至关重要，它们共同构建了一个人的整体风格和形象。同时，搭配也是一个复杂而细致的，涉及符号学、文化语境解读以及个体身份的自我表达审美的实践。在时尚领域，这种搭配不仅是物品的简单组合，更是一种通过视觉语言传递社会和文化意义的方式。

从学术角度来看，每一件服饰和配饰都是一种符号，它们承载着特定的文化内涵和历史信息。例如，高跟鞋在不同的文化和历史时期内代表着女性的性别角色和社会地位。将高跟鞋与正装搭配，可能强调的是专业性和正式感；与休闲装结合，则可能是在打破传统的性别框架，展现一种新的女性力量感。箱包在搭配中的作用也不容小觑，它们不仅是用来携带个人物品的实用工具，同时也是展示个人品位和社会身份的标志。一个设计精良的名牌包包可以显著提升穿搭的档次，一个复古风格的手提箱则可能表达出对传统和历史的尊重与怀念。

在搭配的过程中，还需要考虑到色彩理论、构图原则以及比例的协调。色彩的对比与搭配可以影响视觉效果和情感表达，而服装的轮廓、线条与配饰的形状和大小之间的关系，则影响着整体造型的平衡感。以鞋品的选择为例，选择一双与服装风格相得益彰的鞋子，可以巧妙地平衡或突出服装的风格特点，如运动鞋的搭配能够为正装带来一种不羁的现代感，而经典皮鞋则能强调传统的正式感。

总体而言，箱包鞋品与不同服装风格的搭配是一种多层面的交互过程，它不仅体现了穿搭者对于个人身份的构建和社会文化的理解，同时也是个人审美能力的体现。这种搭配的过程实际上是个体与社会文化进行对话的一种形式，通过服饰与配饰的相互作用，好的搭配往往会传递出独特的个人风格。

在箱包鞋品的风格性搭配中，也存在一些较为典型且可以进行特征总结的穿搭风格。

1. 经典优雅风格

经典优雅风格追求简约而不失高贵，强调服装的剪裁和质地。女士可以选择一条剪裁合体的纯色小礼服，搭配一双经典的纯色高跟鞋和一个简洁的手拿包或链条包。男士可以选择一套定制的西装，配上一双光泽的牛津鞋和一个简洁的公文包。在这种风格中，颜色通常保持中性，如黑、白、灰或深蓝，配饰以精致的金属或皮革元素为主（图 2-33）。

图 2-33　经典优雅风格的箱包鞋品搭配

2. 街头休闲风格

街头休闲风格注重舒适与个性的表达。常见的搭配有宽松的 T 恤或卫衣，搭配牛仔裤和运动鞋或帆布鞋。包包可以选择背包或单肩包，以便增加实用性并增强整体的休闲感。此外，帽子、太阳镜、手表等配饰可以增加层次感和个性化的细节。颜色和图案多样，从鲜亮的色彩到街头艺术的图案都是这一风格的常见选择（图 2-34）。

3. 浪漫复古风格

复古风格通常汲取历史中的经典元素，重新演绎成现代的时尚语言。女士可以选择波点、碎花等印花的连衣裙，配上一双复古风格的高跟鞋或玛丽珍鞋，以及一个复古款式的手提包。男士可以选择复古图案的衬衫，如格子或条纹，搭配直筒裤和复古皮鞋，以及一个老式相机包。这种风格的颜色多以柔和的粉色、薄荷绿色或天蓝色为主，搭配上过去流行的设计，营造出一种怀旧而浪漫的氛围（图 2-35）。

图 2-34　街头休闲风格的箱包鞋品搭配

图 2-35　浪漫复古主义风格的箱包鞋品搭配

4. 现代极简风格

现代极简风格强调“少即是多”的设计哲学，以简洁的线条和单色系为主。在这种风格中，可以选择质感良好的单色衣物，如一件白色衬衫搭配一条黑色裤子，以及简约设计的滑板鞋或皮鞋。在包选择上，可以考虑简洁线条的托特包或一个小巧的信封包。配饰上，可以选择极简设计的手表和首饰，以保持整体的简洁与和谐（图 2-36）。

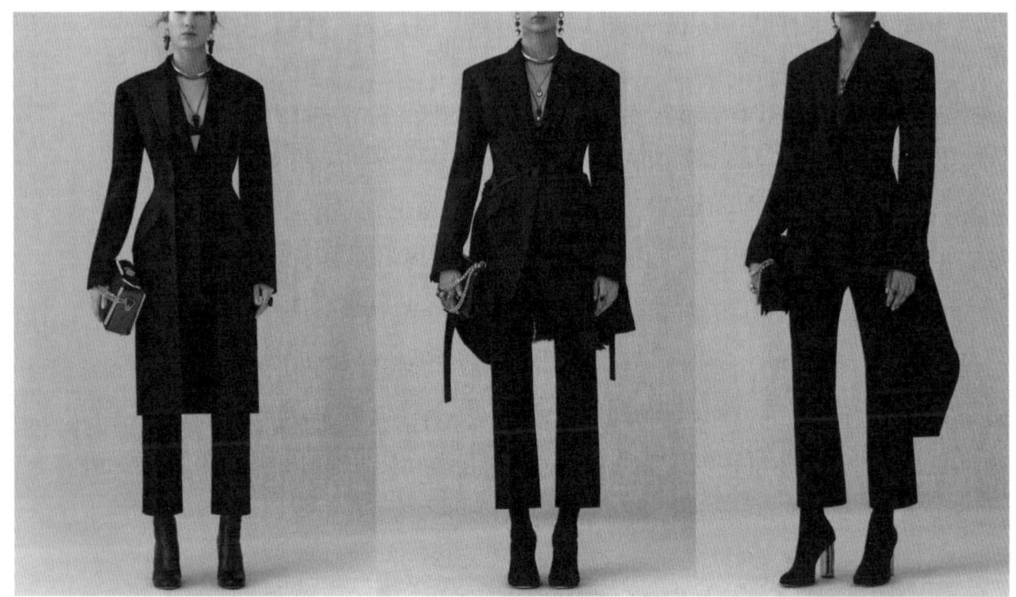

图 2-36

图 2-36 现代极简风格的箱包鞋品搭配

5. 商务正装风格

商务正装风格突出专业和正式感，适合办公和商务场合。男士可以选择深色系西装搭配衬衫和领带，以及一双经典的皮鞋和一个简洁的商务手提包。女士可以选择职业套装搭配一双尖头高跟鞋和一个结构化的手提包。在这种风格中，保持颜色的一致性和衣物的整洁对于塑造专业形象至关重要（图 2-37）。

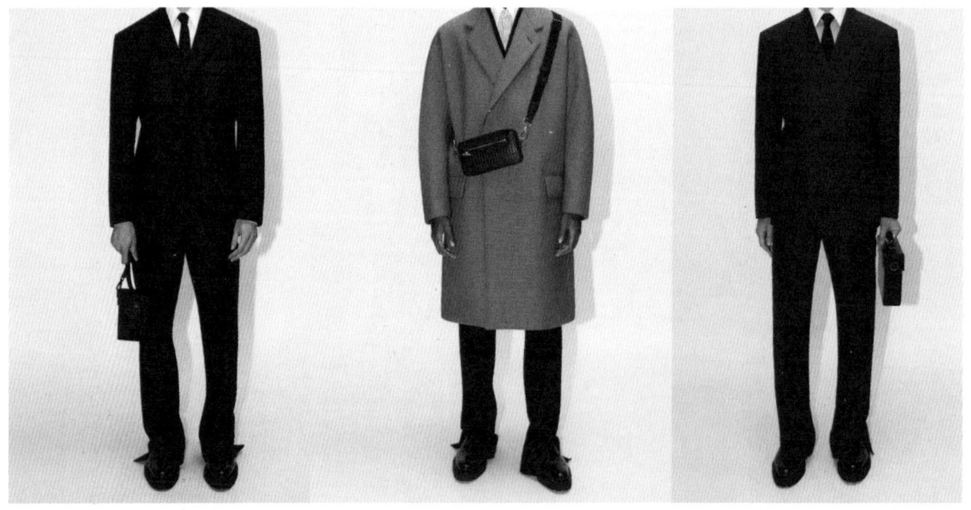

图 2-37 商务正装风格的箱包鞋品搭配

6. 具有设计感的趣味风格

具有设计感的趣味风格，更多的是穿着者自身的小众审美趣味表达。在这一类的穿搭中，常见的有如具有强调“破碎感”与“重组性”的解构主义风格，有强调造型独特怪异的夸张廓形风格，还有强调“反差性”和“碰撞感”的搞怪风格等。

趣味感不代表着没有美感的单一堆叠。它仍然需要穿着在箱包鞋品的造型和色彩上，进行精心的搭配和筛选，以保持个人着装上的视觉统一（图 2-38）。

图 2-38　具有设计感的趣味风格箱包鞋品搭配

不同风格的搭配不仅展现了穿着者的个性和审美，也能适应不同的社会环境和文化背景。一个好的搭配是对色彩、材质、款式和实穿性的平衡，同时也是对当下流行趋势的一种把握。时尚的潮流虽然不断变化，但通过细心搭配，每个人都可以找到最适合自己的风格，展现出独特的个人魅力。

第三章
箱包鞋品效果图绘制与技法表现

服装和服饰产品的效果图绘制及其绘画表现技法是每个服装设计师必须掌握的专业本领，也是学好服装设计所不可忽视的重要环节。正如法国艺术家奥古斯特·罗丹（Auguste Rodin）所言："可以肯定，技法就是一种手段，但是轻视技法的艺术家是永远不会达到目的的"。因此，设计师不应逃避或是应付与此相关的学习内容，更应懂得：只有学好服装及其配饰产品的绘画技法，才能充分表现出设计师的设计创意想法，得到更加广泛的认可。

箱包鞋品的效果图绘制与技法表现不同于服装设计。在大多数场合中箱包类产品的设计，特别是针对时髦女性的箱包产品，在设计时可以倾向于装饰性、创意性，而非传统倾向于功能性，合乎人体工程学的设计，当然，在面向特殊工作群体为功能服务的箱包设计时除外。对于鞋品设计来说，绝大多数的场合都是服务于人体足部结构和舒适性的，这就要求设计师必须对人体足部、脚踝甚至到小腿部位的生理结构有着足够的认知，除非是极特殊的纯粹出于艺术性表达的少部分产品，才不会考虑穿着者本身的舒适感。所以在面临不同的产品需求和产品类别时，设计师的效果图绘制和技法表现不应是千篇一律的，而应当具有鲜明针对性，是直截了当的。

与以往不同的是，现代设计师得益于互联网及数字算法技术的提升，除了考验个人功底的手绘方式外，还拥有许多得力的数字设计软件。常见的辅助设计软件有 Photoshop、Illustator、CLO3D 软件等，根据不同的设计需求，还可呈现出 2D/3D 的创意表现，极大程度上帮助企业优化了产品从设计到生产中可能存在的困难环节。

本章将从箱包鞋品效果图绘制的前期准备、主流绘制工具的适用场景及应用，以及面对不同材质如何更好表现产品质感等方面展开介绍，帮助读者对效果图绘制和技法表现方面有更深刻的认识。

第一节　基于数字软件的箱包鞋品效果图绘制与表现

箱包鞋品所涉及的产品类别繁多，特别是当面临不同的产品功能定位、不同的材质表现时，选用何种绘制技法，呈现出怎样的形式，这都关乎着设计产品是否能直指人心。当然，随着物质生产方式的多样化、信息的普及化，可供设计师选择和利用的工具是十分充足的，那么，学会运用各种现代化的绘画工具和数字软件也应当为现代设计师应有的素质。

从产品的初始设计构思到最终的效果展示过程并非一蹴而就的，可大致分为前期准备和设计绘制两个阶段。在设计的前期准备阶段，设计师的主要目的是灵感聚焦，具体来说，设计师可以通过拼贴、构成等手段对设计灵感进行集中，同时可绘制一些具有灵感特征性的设计草图以明确方向。第二个阶段十分明确，即借助当下所有可用的设计软件、绘图工具，进行具象化的表达，在多次打磨调整后形成最终的设计画面。

本节主要将围绕着箱包鞋品设计所需的前期准备和效果图绘制这两部分展开，并结合当下主流的设计软件，如 Photoshop、Illustator、CLO3D 等来着重阐述，以帮助学生了解设计的全过程。

一、基于 Photoshop 软件的箱包鞋品效果图绘制与表现

服装效果图不仅可以通过各种手绘材料进行绘制表现，在科技发达的今天，计算机软件也成为绘制服装效果图的必备表现工具，下面介绍一些常用的制图软件。

（一）Photoshop 软件及其功能概述

Photoshop，简称“PS”，是由 Adobe 系统公司开发和发行的图像处理软件。Photoshop 提供了一整套强大的工具和功能，包括图像编辑、颜色校正、图形绘制、复杂的图层管理、多样的滤镜效果和高级的图像合成技术。这些功能使得设计师能够精确地修改和增色产品照片，创造出引人注目的视觉效果，并将想象中的设计理念实现在可视化的图像上。它在箱包鞋品设计领域中发挥着不可忽视的作用。

在进行箱包鞋品设计时，Photoshop 的图层功能允许设计师在不同的层上独立工作，从而更灵活地进行元素的添加、修改和组合。设计师可以使用图层来叠加不同的材质效果，调整颜色和光影，或者对产品的某个部分进行局部修饰，以达到更加精细和个性化的设计效果。

利用 Photoshop 的绘图和选择工具，设计师可以精细地编辑产品的每一个角落，无论是简单的线条调整，还是复杂的图案绘制，都能够得心应手。特别是对于箱包鞋品设计中经常涉及的细节工艺，如缝线、扣件、纹理细节等，Photoshop 都能提供高度精确的编辑能力。

除此之外，Photoshop 的图像修复工具对于提高产品照片质量和去除不良元素非常有效，这对于制作产品目录、广告宣传图和电子商务平台上的产品展示尤其重要。利用这些工具，设计师可以确保产品图片达到高质量的商业标准，吸引顾客的注意力。

（二）Photoshop 软件在箱包鞋品设计中的常见应用

1. 材质表现

材质表现主要是利用了 Photoshop 的调整层和混合模式等工具，旨在帮助设计师探索和实验各种颜色方案，服务于箱包鞋品外观的最终确定。设计师可以非常直观地看到不同颜色和纹理在产品上的实际效果，从而做出明智的选择（图 3-1）。

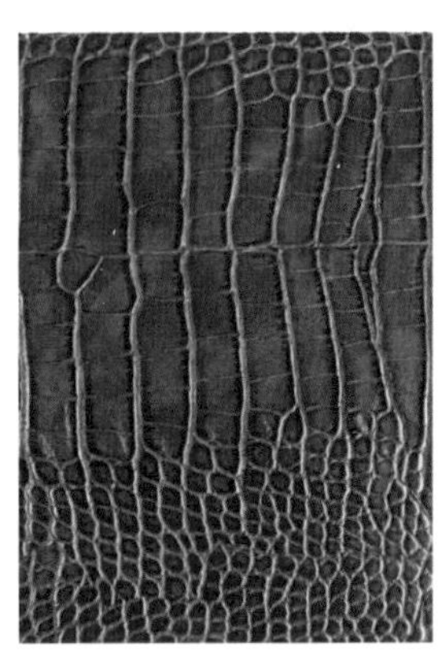

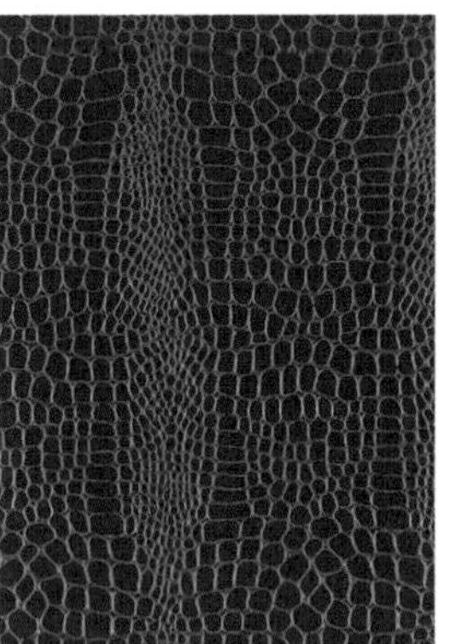
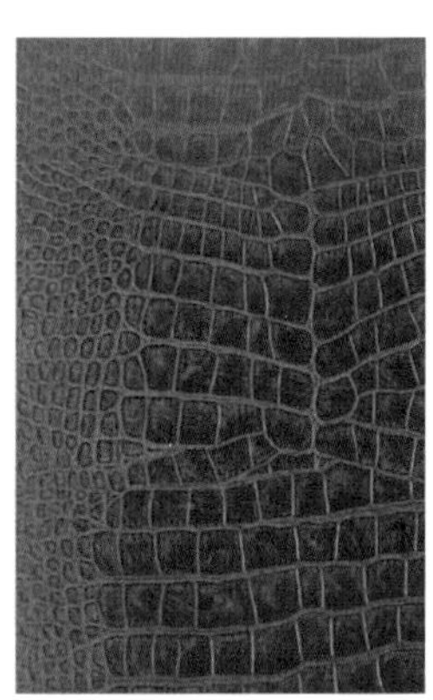

图 3-1　不同的材质贴图

2. 背景展示

展示背景制作如图 3-2 所示。

图 3-2　展示背景制作

二、基于 Illstrator 软件的箱包鞋品效果图绘制与表现

（一）Illstrator 软件及其功能概述

Illustrator 是 Adobe 系统公司推出的一款功能强大的矢量图形编辑和设计软件，广泛应用于图形设计、插画绘制、排版、标志设计等领域。作为矢量图形的编辑工具，它的最大优点是设计出的图案和形状可以无损放大或缩小，这在对分辨率输出要求比较高的设计工作中尤为重要。

在箱包鞋品设计中，Illustrator 提供了一系列可以帮助设计师从最初的概念草图发展到成熟的产品设计的功能。例如，利用 Illustrator 的精确绘图工具，设计师可以创建清晰的线条和形状，绘制出产品的轮廓和结构，此外，Illustrator 中的路径编辑功能可以让设计师轻松地调整设计中的细节，以实现设计意图。

Illustrator 的色彩管理系统对于箱包鞋品设计也是非常有用的。设计师可以使用它来探索、应用和调整色彩组合，以确保设计在不同的材质和表面上都能保持一致性和吸引力。Illustrator 中的图案制作工具允许设计师创建复杂的纹理和图案，并将它们应用于产品设计上，预览不同图案在实际产品上的效果。值得一提的是，Illustrator 还提供了多种排版工具，设计师可以利用这些工具来设计产品标签、说明书和其他相关的文本元素。这些文本元素同样是矢量的，确保在不同尺寸和应用中都保持清晰。

（二）Illstrator 软件在箱包鞋品设计中的常见应用

1. 制版及纸样绘制

Illustrator 作为专业的矢量图形设计软件，它的精确度和灵活性适合用于绘制箱包鞋品的制版图。矢量图形意味着设计的图案可以无限放大或缩小而不失真，这有助于箱包鞋品企业在设计生产时能够保证高质量的打印输出和精确的切割模板。设计师可以使用钢笔工具（Pen Tool）来绘制复杂的轮廓和形状，表现出精致的包边线和装饰性元素。

在绘制尺寸和比例方面，Illustrator 的对齐和测量工具可以确保设计的精确性。设计师可以使用智能向导（Smart Guides）和对齐工具来确保所有元素均匀、对称和正确地放置，通过保留恰当的边距、缝合余量及构件间隔来帮助后续的生产过程。图 3-3 所示为箱包鞋品制版图的绘制。

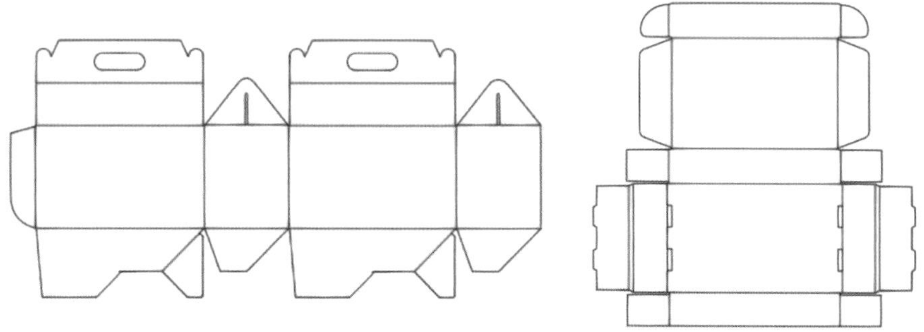

图 3-3　箱包鞋品制版图的绘制

2. 金属配件设计

除了矢量图绘制的出色性能可以很好地展示金属配饰的细节纹样外，Illustrator 中的符号库（Symbols Library）还允许设计师保存和重复使用常见的设计元素，如品牌标志、扣件和拉链等，大大提高了箱包鞋品企业设计的工作效率，为品牌元素的一致性提供便捷（图 3-4）。

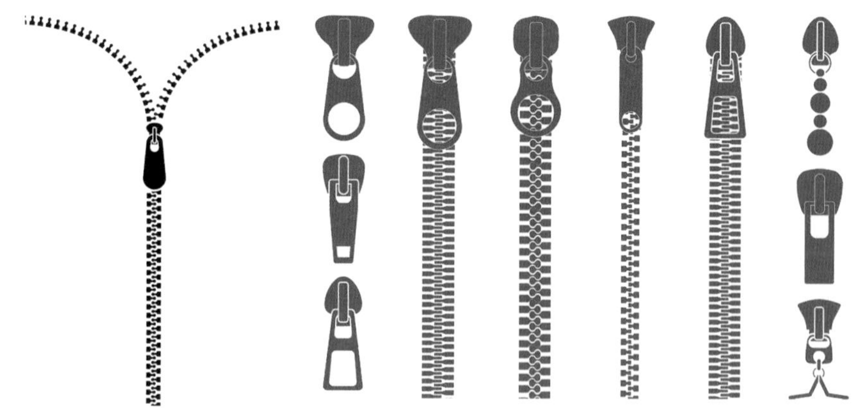

图 3-4　拉链金属配饰的绘制

三、基于 CLO3D 软件的箱包鞋品效果图绘制与表现

（一）CLO3D 软件及其功能概述

CLO3D 是一款专业的三维服装设计和模拟软件，旨在为服装行业的设计师、制版师和服装生产线提供一个既直观又高效的设计环境。这款软件利用强大的算法模拟布料的物理属性，如重量、纹理、缝合和布料的摆动，从而允许用户在虚拟环境中创建和调整服装设计。

CLO3D 的一个核心功能是它的真实感渲染技术，这让设计师能够创建出非常逼真的服装效果图，这些效果图不仅可以用于设计评估，也非常适合用于市场营销和消费者展示。该软件还可以模拟多种布料和辅料的特性，如弹性、厚度和纹理等，这样设计师就可以在设计过程中看到不同材料选择对服装外观和贴身度的影响。

（二）CLO3D 软件在箱包鞋品设计中的常见应用

除了设计功能，CLO3D 还包含了一系列的生产工具，如尺码调整、图案铺排和成本估算，这些都是服装生产过程中的重要环节。通过这些工具，用户可以更高效地进行生产前的准备工作，如优化图案布局以减少材料浪费，或者调整设计以适应不同尺码的需求。

CLO3D 的使用不仅仅局限于传统的服装设计。随着数字化时尚的兴起，它还被用于创建虚拟服装和数字双生产品，这既为设计师提供了新的创作空间，也为服装行业带来了新的商业模式。

1. 三维表现

CLO3D 中旅行包和双肩包的设计界面分别见图 3-5、图 3-6。

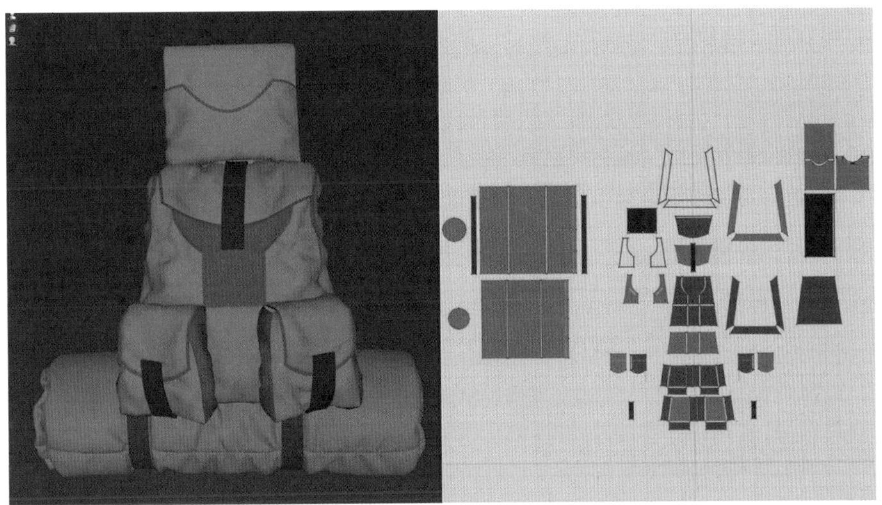

图 3-5　CLO3D 中旅行包的设计界面（图片源于 Pinterest）

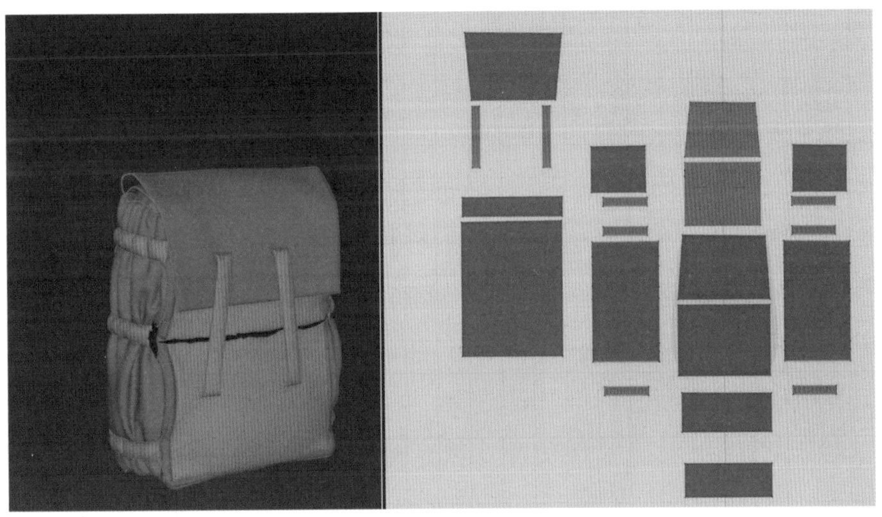

图 3-6　CLO3D 中双肩包的设计界面（图片源于 Pinterest）

2. 材料展示

（1）纺织制品。纺织制品是以纺织纤维为原料，经纺织加工而成，是纤维制品中量最大、应用最广的一种制品。纺织制品按其形态，可分为织物类、绳子类和纱织物类。按织造加工方法不同，织物分为机织物（woven fibric）、针织物（knitted fabric）和编结物（lace）。

（2）复合制品。复合制品是把机织物和针织物或针织物和针织物应用一定的黏合剂黏结在一起，形成一块既作面料又作里料的材料。这种材料组合得好，可获得由一块织物所无法获得的性能，是一种新型的服装材料。也有的用聚氨基甲酸乙酯泡沫薄层与机织物或针织物黏合在一起，制成既轻便、保暖性又好的冬季服装面料，如采用较厚的织物黏结，还可制成厚暖的毯子等。

3. 产品展示

CLO3D 在箱包鞋品设计展示方面的作用非常显著，它能够为设计师提供多维立体的视角来展示他们的设计。在 CLO3D 中，设计师可以将平面的设计草图转化为三维模型，这些模型可以在软件中旋转和放大，以检视设计的每个角度和细节。这种立体的展示方式比传统的二维图像更为直观和生动，有助于捕捉设计的真实外观和感觉。

通过 CLO3D，设计师可以在模型上实时应用各种材质和纹理，并立即看到这些改变在三维形态上的效果。这种实时反馈极大地加速了设计迭代过程，允许设计师快速试验不同的颜色、图案和材料组合（图 3-7、图 3-8）。

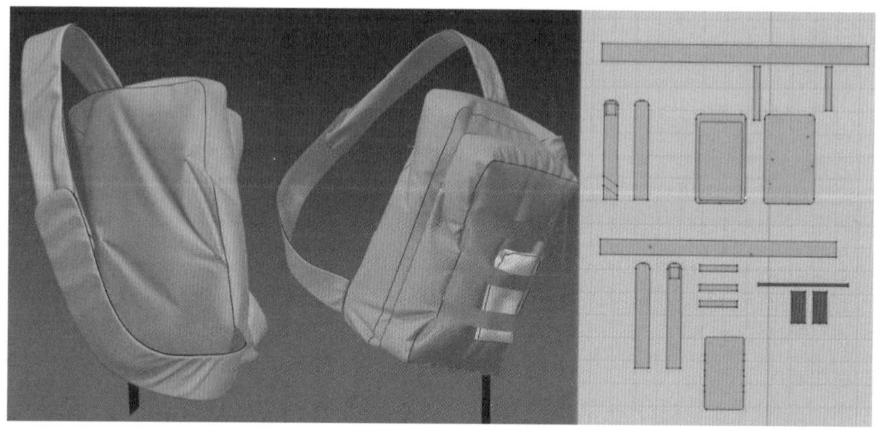

图 3-7 CLO3D 双肩包的材料展示（图片源于 Pinterest）

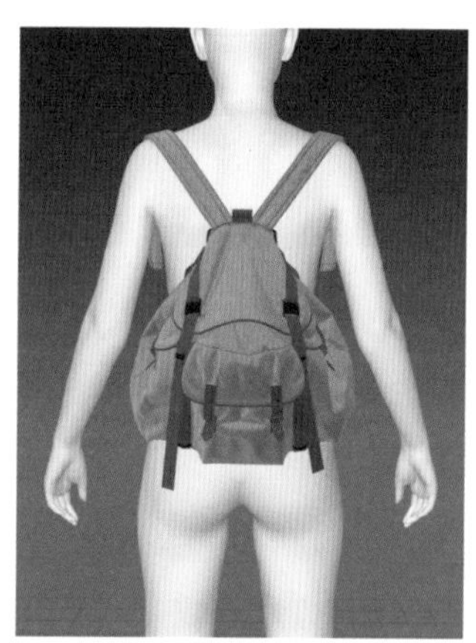

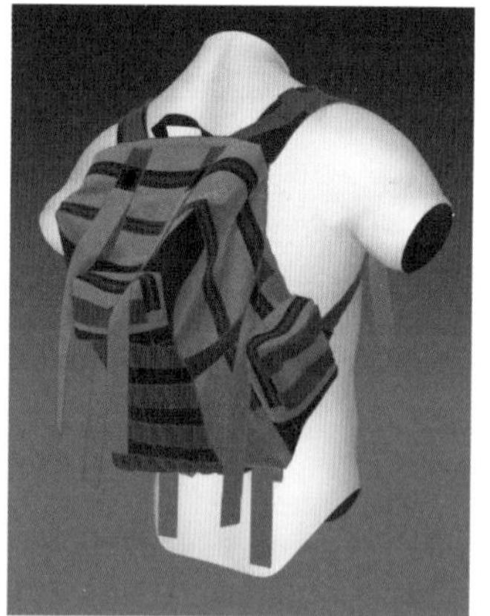

图 3-8　CLO3D 双肩包的设计展示（图片源于 Pinterest）

四、其他常见的箱包鞋品数字设计软件

除了上述被广为应用的箱包鞋品辅助设计软件外，还有许多可以帮助完成 3D 建模和 3D 渲染的软件，诸如 Blender、Rhino、3ds MAX 等。

（一）Blender

Blender 软件是一个开源的 3D 创作套件，支持从建模、雕刻到渲染、复合和动画的整个 3D 工作流程。它集成了从前期概念设计到后期制作的各种功能，使得用户能够在同一个软件平台上完成整个 3D 设计和制作过程。

在箱包鞋品设计中，Blender 作为一个强大的三维建模工具，可以用来创建高精度的数字化产品模型。这种建模能力对于设计师而言尤为重要，因为它们可以在产品实际制造之前详尽地探索和修正设计。利用 Blender，设计师能够构建出精确的 3D 模型，这些模型不仅展示了产品的形状和大小，还能够模拟材质和纹理，从而提供了一种直观的设计预览。

另外，Blender 提供的模拟工具可以用来模拟不同材料对光线的反应，这在选择和展示设计中所使用的材质时非常有用。该软件还包含雕刻工具，允许设计师在模型上添加精细的细节，如缝线、压纹或其他装饰元素，这些都是箱包鞋品设计中不可或缺的特征（图 3-9、图 3-10）。

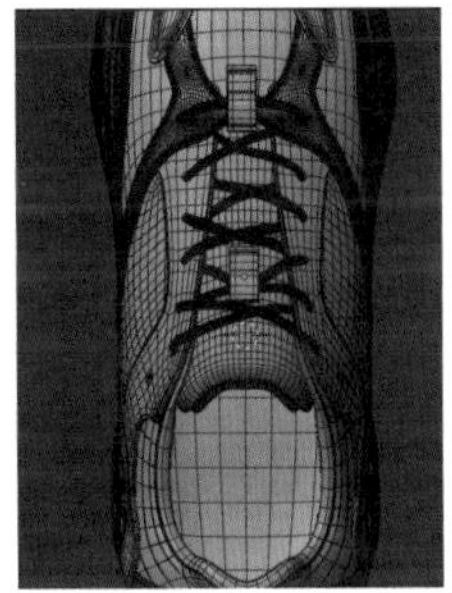
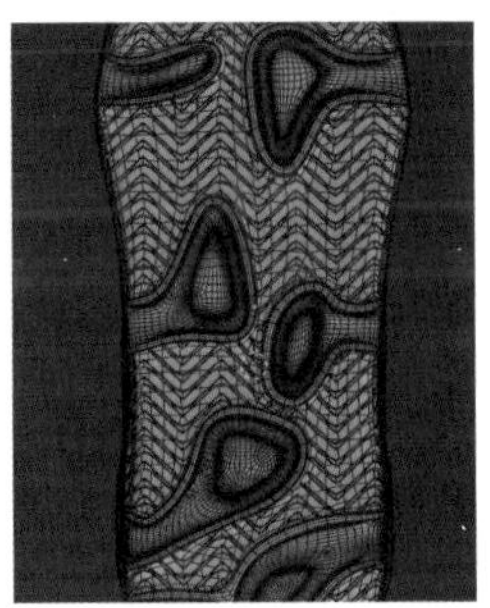

图 3-9　Blender 鞋品建模（图片源于 Pinterest）

（二）Rhino

Rhinoceros 3D，通常简称为“Rhino”，是一款专业的计算机辅助设计软件，它在工业设计、建筑设计、船舶设计以及珠宝设计等领域都得到了广泛应用。Rhino 以其强大的 NURBS（非均匀有理 B 样条）建模能力闻名，通过数学模型可以精确创建和修改复杂的三维形状。

图 3-10　Blender 渲染图
（图片源于 Pinterest）

Rhino 对于箱包鞋品的辅助设计也有极大的帮助。Rhino 特别适合处理曲面建模，设计师可以利用这个平台来构建箱包鞋品的详细和复杂的形状，不仅如此，设计师还可以利用 Rhino 模拟出皮革的折叠、软质材料的弯曲以及其他非常规的表面。此外，Rhino 还可以结合强大的算法，进行参数化的实验性设计（图 3-11、图 3-12）。

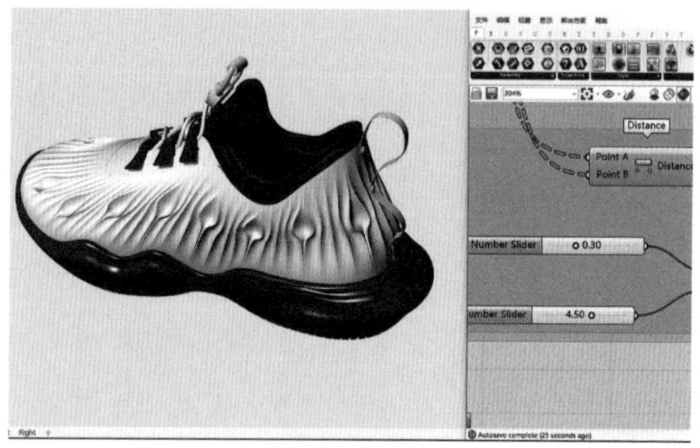

图 3-11　Rhino 鞋品的参数化建模（图片源于 Pinterest）

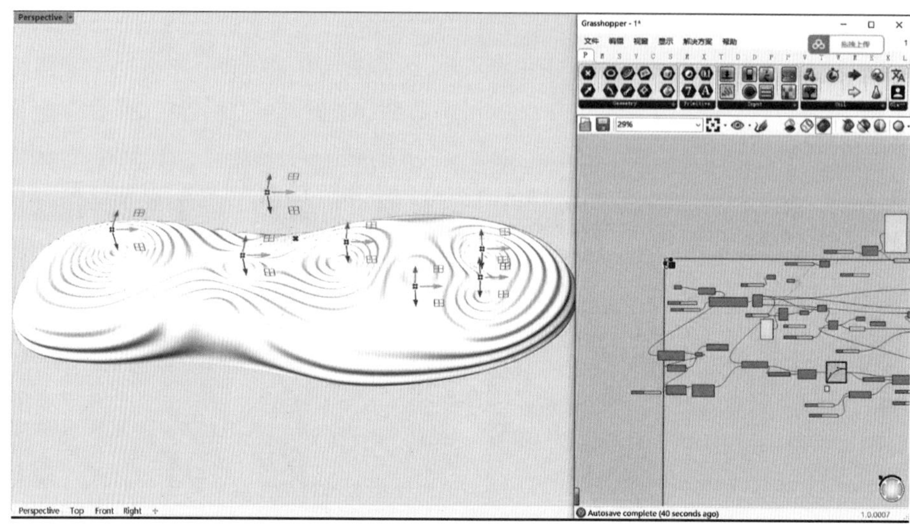

图 3-12　Rhino 在鞋品的曲面化表达方面的强大表现（图片源于 Pinterest）

第二节　箱包鞋品设计的手绘技法表现

手绘技法是每个箱包鞋品设计师在数字设计软件技术问世前所必须掌握的技能，即使在数字设计软件普及以后，手绘依然是设计流程中不可或缺的存在。手绘不仅能够帮助设计师表达创意，也是在产品研发的前期阶段中将效果可视化的最快途径。

手绘技法掌握得恰当与否也反映一个设计师的基本素养，以及对箱包鞋品设计的理解程度。传统的手绘工具有铅笔、水彩、马克笔等，设计师需要清晰地了解每种绘画工具的不同特色，还要能够精准地控制线条粗细、颜色深浅以及画面重影等，全方位地展现出不同箱包鞋品的不同材质表现，如皮革的柔软度、合成纤维的光泽感或金属配件的反光效果等。当然，设计师对产品构造的理解也是必需的，包括但不限于绘制出产品的结构力学、功能布局，以及用户交互等。

本节主要从箱包鞋品的设计手绘技法和材质表现两个部分展开，帮助读者更好地了解相关的注意事项、绘画技法以及工具选择等。

一、箱包鞋品设计的手绘技法

“可以肯定，技法是一种手段，但是轻视技法的艺术家是永远不会达到目的的”。在进行箱包鞋品的设计前必须先学会效果图的绘画，这是不可逾越的学习内容，也是系统性学习箱包鞋品设计过程中的一部分。绘画是一种技能，而掌握绘画技法是完成设计的基本要求。在这里我们必须懂得：学好绘画技法的目的就是要更好地表达设计师的设计创意。

（一）常见的绘画材料与工具

在绘制与箱包鞋品相关的服装画之前，需要预先准备好相应的绘画工具。绘制服装画时可以使用的工具较多，一般来说，选用常规绘画工具就可以满足基本的绘制要求了。

手绘服装画的常用工具主要包括纸、笔、颜料和辅助工具四大类。对于特殊技法制作的服装画，可以运用一些特殊的工具，如喷笔、宣纸、牙刷、棉布、油纸等。使用不同的工具可以绘制出各种不同的画面效果，我们可以在实践中逐步掌握各种工具的使用方法，并且熟悉各种颜料的性能特点。

1. 笔的分类

笔是用来展示设计构思最重要的表现工具之一。在绘制服装画时，选择本人熟悉并能较好地掌握其特点的画笔能提升画面的品质。

（1）钢笔。钢笔是极为常用的绘制工具之一，可以选用弯头钢笔或多种型号的宽头钢笔。但要注意，使用宽头钢笔画出的线迹较宽，当表现连续、均匀、弯曲的线时，宽头钢笔便不能胜任。钢笔的墨水可选用较好质量的黑色绘图墨水，并经常保持钢笔的清洁，以保证墨水流畅［图3-13（a)］。

（2）铅笔。铅笔的种类较多，可选用B型的黑色绘图铅笔和水性彩色铅笔。水性彩色铅笔可以在绘制后利用清水渲染而达到水彩的表现效果［图3-13（b）］。

（3）炭笔。运用铅笔勾勒时，常会感到颜色深度不够，特别是勾勒有深色的外形轮廓时愈显如此，而绘图炭笔、钢笔或马克笔等正好可解决这个问题。由于炭笔的黏附力不强，在绘制后应配合使用绘画用定型液，以解决炭笔绘画时黏附力弱的问题［图3-13（c）］。

（4）马克笔。用马克笔作画是服装画的绘制中较为快捷的一个方法。马克笔既可以表现线和面又不需要调制颜色，且颜色易干。各种不同质地的纸吸收马克笔颜色的速度各异，产生的效果也就各不相同。吸收速度快的纸张，绘出的色块易带有条纹状，反之则相反。用蘸上香蕉水的棉球或布可以除去油性马克笔色彩，或淡化色彩，利用这一特性可以绘制出晕染的色彩效果。利用硫酸纸的透明性质，可以绘制出同一色彩的深浅层次和色与色的重叠效果［图3-13（d）］。

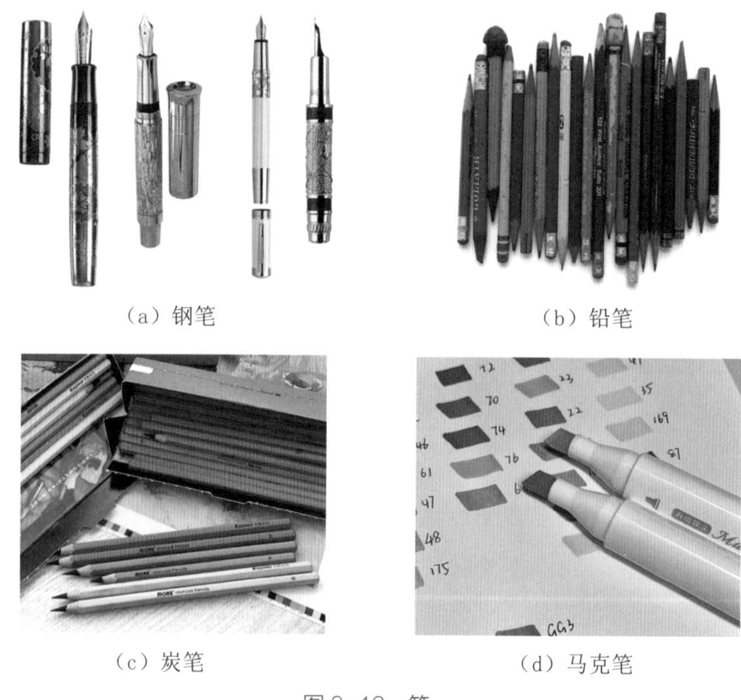

（a）钢笔　　（b）铅笔

（c）炭笔　　（d）马克笔

图 3-13　笔

（5）针管笔。针管笔是绘制效果图的基本工具之一，能绘制出均匀一致的线条。采用针管笔绘制的黑白线条易表达出不同的情感感受，如粗线的刚毅，细线的软弱，密集线条的厚重，稀疏线条的涣散无律，规整线条的有序整齐，自由线条的奔放热情。即使绘制的线条形态相同，线条方向、长短疏密及位置和间隔的变化中也隐含着不同的情感表达（图 3-14）。

（6）喷笔工具。喷笔工具包括喷笔与气泵两部分。气泵可以保证产生足够的压力，喷笔可以调节所喷出颜色面积的大小，以形成线迹或面。用专用遮蔽物或纸张等遮挡，可喷出挺括的轮廓。水粉颜料、水彩颜料都可作为喷笔工具的颜料使用，但需要加入适量的水，不宜过多或过少，以喷出均匀的色彩，且不稀薄为宜（图 3-15）。

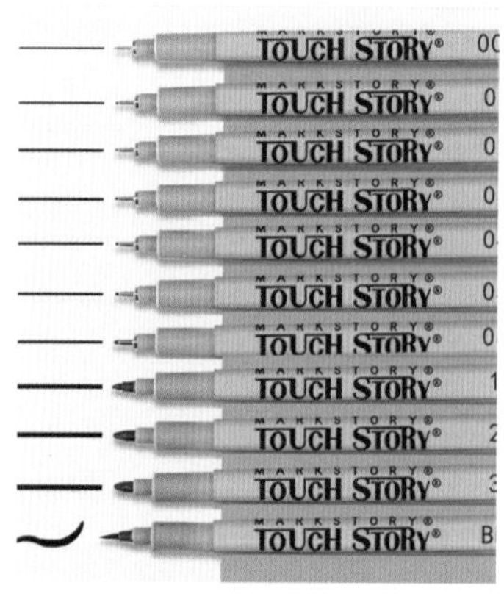

图 3-14　针管笔

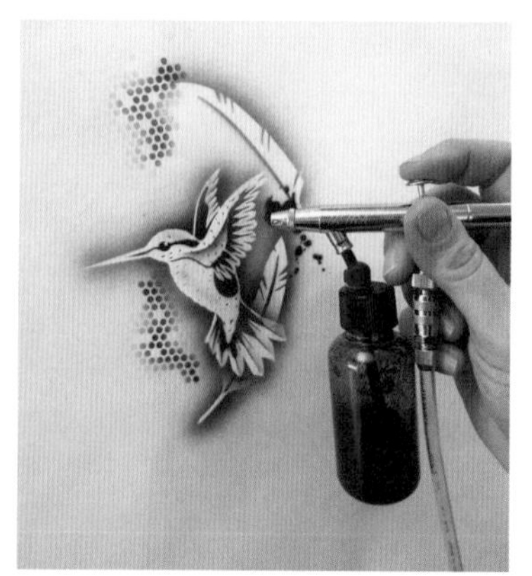

图 3-15　喷笔工具

2. 纸的分类

纸作为平面图形的载体，在服饰设计表现中极其重要。如果仅习惯于使用铅画纸、水彩纸或水粉纸等白底色的常用画纸来画服装画，这还是有些局限的。我们可以尝试在不同质感、不同色彩的纸面上来表现设计想法，启发设计灵感。

（1）铅画纸。铅画纸也称素描纸。一般多用铅笔画素描用的纸，其纸质耐磨且表面粗糙，适合表现铅笔画的质感和层次。好的素描纸一般是用棉或亚麻纤维制成的手工画纸，不加漂白粉，所以纸张不是雪白色，且不易变黄（图 3-16）。

（2）水彩纸。水彩纸就是一种专门用来画水彩的纸，它的吸水性比一般纸高，克数较大，纸面的纤维也较强壮，不易因重复涂抹而破裂、起毛。水彩纸有多种，依纤维来分，水彩纸有棉质和麻质两种。麻质的水彩纸往往是精密水彩插画的用纸。如果要表达淋漓流动的主题，要用到水彩技法中的重叠法时，一般会选用棉质纸，因为棉质纸吸水快，干得也快，唯一缺点是时间久了会褪色（图 3-17）。

（3）水粉纸。水粉纸是一种专门用来画水粉画的纸，这种纸张能吸水，且比较厚。水粉纸的表面有纹理，小圆点凹下去的一面是正面。水粉画在湿的时候，它的颜色的饱和度和油画一样很高，待干后，其颜色会失去光泽，其饱和度可能会有所降低（图 3-18）。

图 3-16　铅画纸

图 3-17　水彩纸

图 3-18　水粉纸

（4）色卡纸。色卡纸是一种厚度定量在 250～400g/m² 之间的纸制品。它的纸质细腻，坚挺厚实，耐折度好，表面平整光滑，拉力好，耐破度高。色卡纸除了白色外，还可通过对浆料进行染色染出各种颜色（图 3-19）。

（5）牛皮纸。牛皮纸比较坚韧耐水。它采用竹浆和木浆精心加工而成，有单面光、双面光和带条纹的区别。其主要特点是：强度好、光滑度高、纸张均匀、纵横向拉力强、表面平整、木浆和竹浆含量高，但其上色性能不是特别好（图 3-20）。

（6）硫酸纸。硫酸纸又称制版硫酸转印纸。主要用在印刷制版业，具有纸质纯净、强度高、透明度好、不变形、耐晒、耐高温、抗老化等特点，在绘画中广泛适用于手工描绘。在绘制服装画时，也可以使用硫酸纸绘画，从而使得画稿表现得更加出色（图 3-21）。

图 3-19　色卡纸

图 3-20　牛皮纸

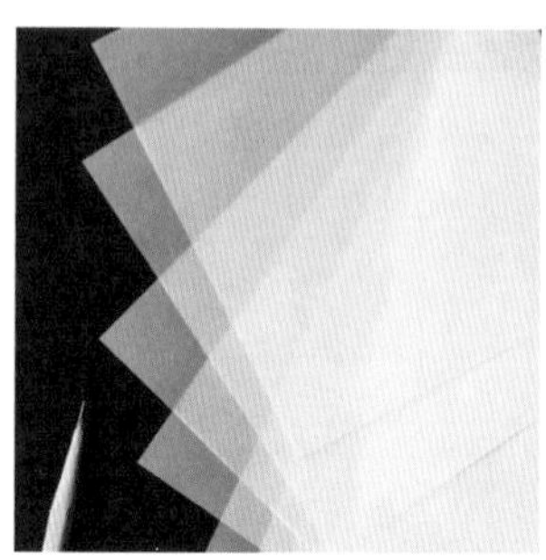
图 3-21　硫酸纸

（7）宣纸。宣纸是中国传统的古典书画用纸，具有韧而能润、光而不滑、洁白稠密、纹理纯净、搓折无损、润墨性强等特点，并且有独特的渗透性、润滑性。用它写字骨神兼备，作画则神采飞扬，成为最能体现中国艺术风格的书画纸，而且耐老化、不变色、少虫蛀、寿命长（图 3-22）。

图 3-22　宣纸

3. 颜料的分类

除了使用多种管内注有水性或者油性颜料的笔以外，一般情况下能用于服装画的颜料包括水彩颜料、水粉颜料、各种彩笔蜡笔、丙烯颜料、中国画颜料等。常用的服装画颜料主要包括以下几种。

（1）水粉颜料。水粉颜料广泛地应用在服装画的创作中。它具有一定的覆盖能力，色彩纯度较高，色彩效果浑厚、柔润、鲜明、艳丽。水粉画的缺点是缺少光泽，画面不易衔接，较难表现微妙的色彩变化，掌握不好容易产生脏、灰、暗的感觉。绘画时要根据这些特点，扬长避短，以求在写生和创作中充分表现对象（图 3-23）。

（2）水彩颜料。水彩颜料色粒很细，遇水溶解可显示其晶莹透明的特点。水彩颜料不像油画和水粉颜料，其颜色覆盖能力较差。水彩颜料透明，以薄涂保持其透明性，画面会给人一种清澈透明的感受，通常用水调和，发挥水分的作用，使画面效果灵活自然、滋润流畅、淋漓痛快、韵味十足（图 3-24）。

图 3-23　水粉颜料

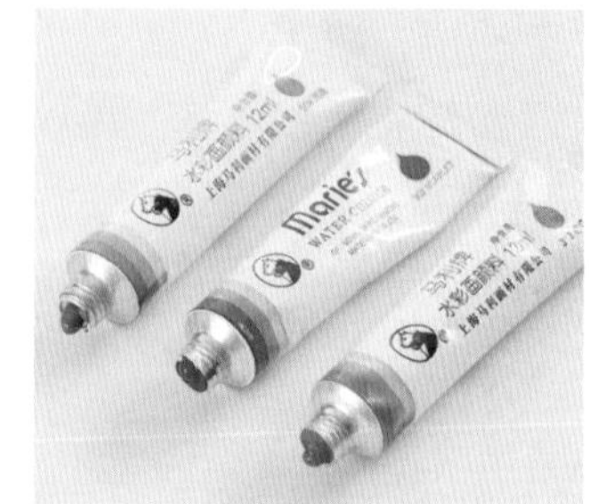

图 3-24　水彩颜料

（3）丙烯颜料。丙烯颜料是用一种化学合成胶乳剂与颜色微粒混合而成的新型绘画颜料。特点是可用水稀释，利于清洗，上色后很容易干。并且颜色饱满、浓重鲜润，无论怎样调和都不会有“脏”“灰”的感觉。用丙烯颜料绘制过后的图纸永远不会有吸油发污的现象，所以作品的持久性较长。可用于墙画的绘制，以及其他的装饰绘画（图3-25）。

4. 墨汁

墨汁给人的印象比较单一，是古代书写中不可缺少的用品。借助于这种独创的材料，中国书画奇幻美妙的艺术意境才能得以实现。墨汁具有很好的延展性，在中国画中通常和宣纸搭配使用。作为一种传统的绘画材料，墨汁在服装画的绘制中却使用得较少（图3-26）。

图3-25　丙烯颜料

图3-26　墨汁

（二）结合人体局部的绘画与表现

在设计箱包鞋品之前，必须对相关人体构造有一定的了解，特别是应当着重学习绘制手部、肩部、足部以及腿部等与箱包鞋品强相关的人体躯干。结合人体躯干的设计绘制，往往更能展现出设计的灵动性，也会使得设计产品更符合人体工程学。

四肢是人体的重要组成部分，影响着人体动态的表现。上肢的表现多为叉腰、手插兜等，这主要是根据人日常生活中的习惯而产生的，因此在绘制箱包的设计效果图时，应当结合手部动作做具体考虑，以表达箱包的款式全貌。有时，甚至需要特别细化手部，这是非常考验设计师的绘画功底的。手部的造型变化多，结构组织复杂，需作为重点来学习。当然，在箱包产品效果图的绘制中，主要还是要强调人体整体造型的优美感，而局部服从整体也是画服装画应遵循的基本法则。

1. 手及胳膊的绘画

手能赋予服装画人体动作和情绪的变化，手的位置和动态有无数种，在效果图绘制时手的绘制有一定的难度，所以初学者要加强左右手的不同角度的练习。在绘制手部时，要注意手的长度约等于发际线到下巴的长度。手掌的长度和中指的长度几乎相同，手部的变化丰富，结构复杂，在绘制时应该把重点放在手的外形和整体姿态上，另外在描绘女性手部时也可以适当增加手指的长度，以表现女性手部的纤细柔美（图3-27）。

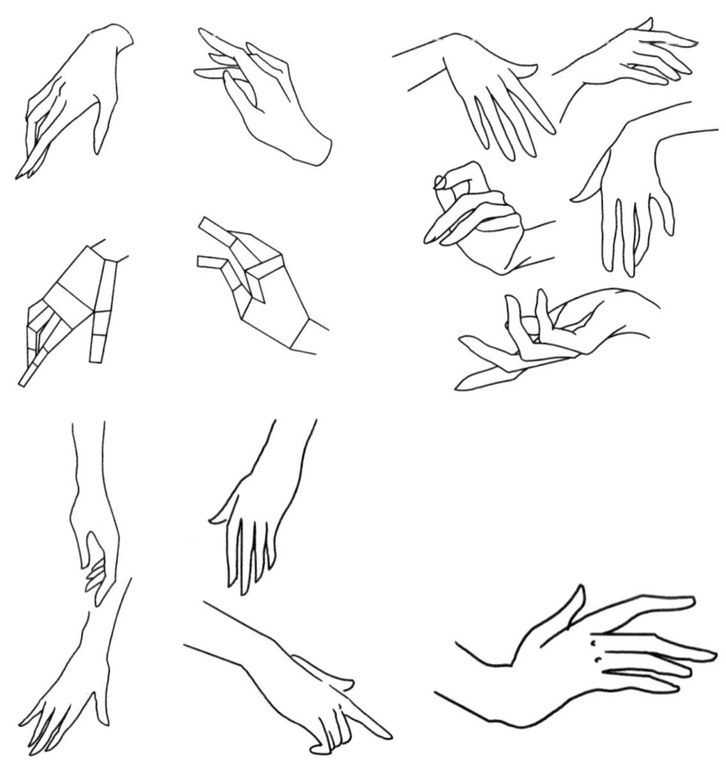

图 3-27　女性手部的绘制

在箱包的效果图表现中，常常也会辅以描绘手臂的动态，以表现优雅的人体姿态。手臂包括上臂、小臂，在绘制的过程中一定要注意观察上臂和小臂的曲线变化，曲线部分代表的是肌肉廓形，切忌画成直线。手臂的宽度从肩膀到肘关节逐渐变细，肘关节以下宽度又变粗，当到手腕时，就变得更加细了。另外当手臂弯曲时，上臂的肌肉曲线会看起来更加明显，在绘制时要注意把握好内外侧的弧度（图 3-28）。

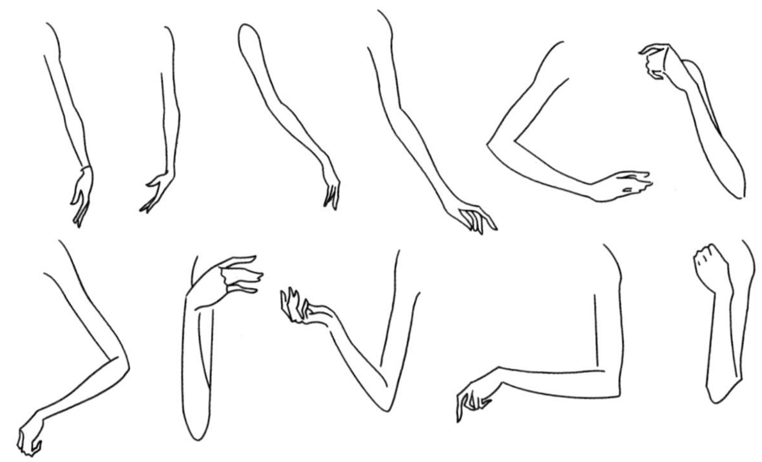

图 3-28　胳膊的绘制

手臂在拎包时的局部绘制见图 3-29。

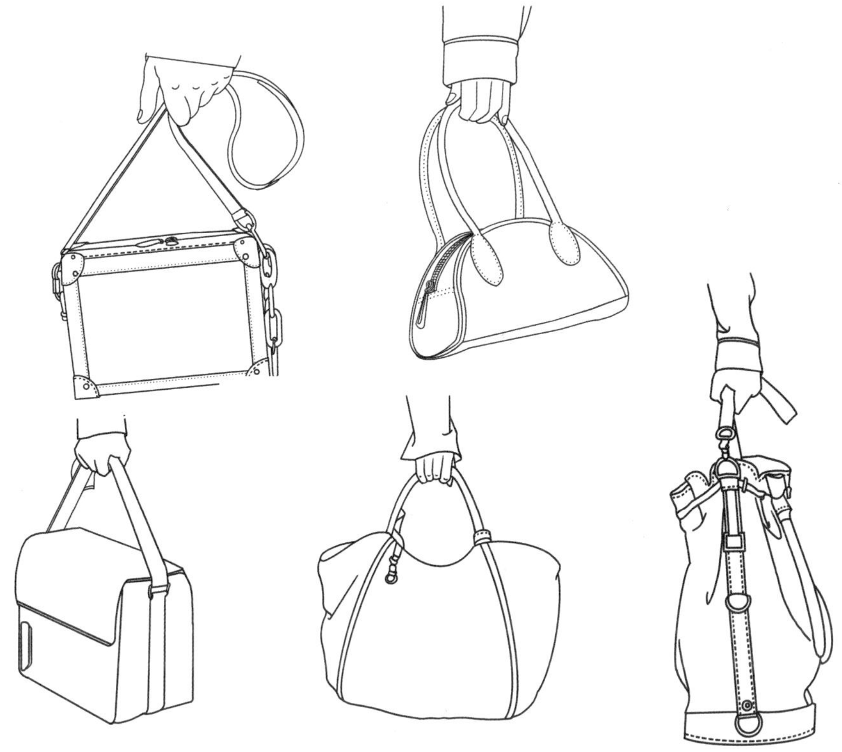

图 3-29 手臂在拎包时的局部绘制

2. 足部的绘制

足部绘制主要分为“正面的脚”“侧面的脚”“3/4 侧面的脚”。

从形状上来看，“正面的脚”为两个梯形的组合，脚趾的面积画得要比踝关节宽，但是穿上鞋后脚的形状会跟着鞋的变化而变化。“侧面的脚”无论是平底鞋还是高跟鞋，画起来都会容易一些。在绘制鞋子时，可把鞋子中间的部分看作是三角形，对任何款式的鞋子来说都一样，把三角形放平或使其与水平地面形成一个角度，就可以创造出想要鞋子的高度（图 3-30、图 3-31）。

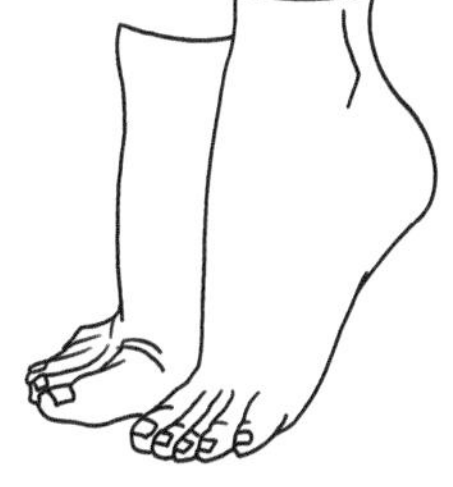

图 3-30 侧面足部绘制

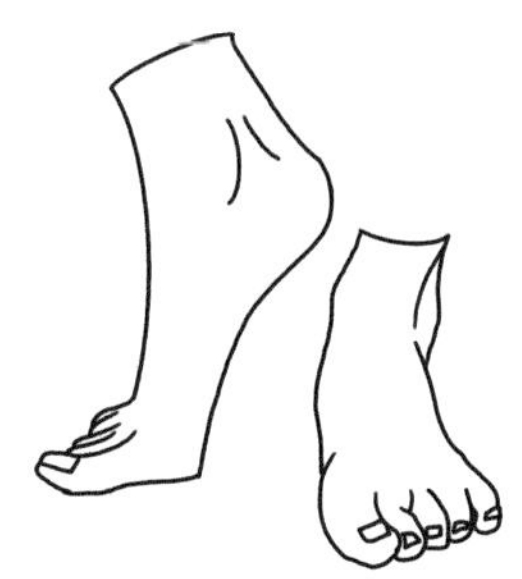

图 3-31　正面及侧面足部绘制

"3/4 侧面脚"的画法有一定难度，脚后跟、脚踝骨和脚趾都要按透视法缩短（图 3-32、图 3-33）。

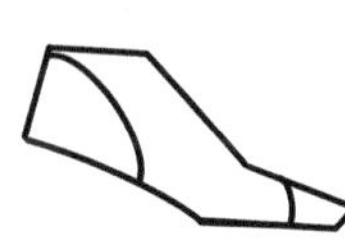

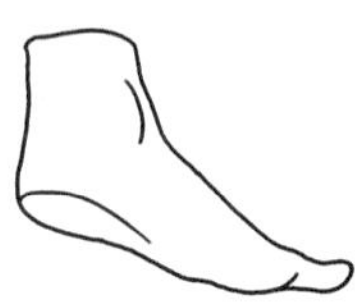

图 3-32　后 3/4 侧面足部绘制

图 3-33　后面足部的绘制

在绘制鞋品的正侧视图时，应注意鞋品本身的造型特征表现，例如平底鞋和厚底鞋在绘制时应有显著区分（图 3-34）。

图 3-34　平底鞋与厚底鞋的正侧面足部表现对比

鞋品的正面视图与后面视图同样可以展现出其本身的造型特征。例如平底鞋的鞋舌往往不会远高于鞋后跟，而运动类鞋品，特别是篮球鞋等，其鞋后跟通常会明显低于鞋舌高度（图 3-35）。

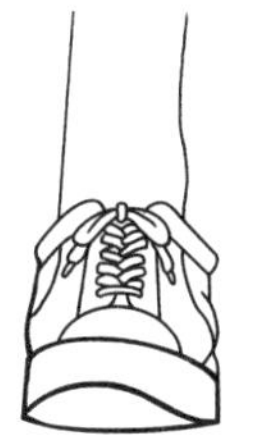
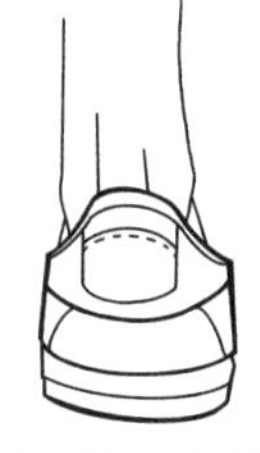

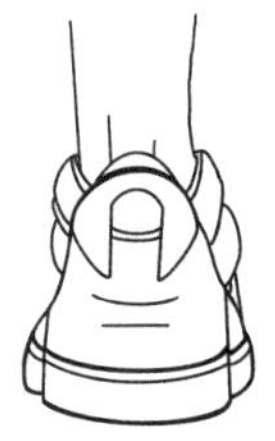

图 3-35　正面与后面的足部与鞋品绘制

鞋品的效果图绘制大致可分为草图绘制、款式绘制、色彩填充、质感表现。值得注意的是，在完成色彩填充和质感表现的步骤时，产品造型结构的体现应当优先于色彩和质感（图 3-36）。

图 3-36　与人体足部相结合的鞋品设计绘制步骤图

（三）箱包鞋品的款式图绘制与表现

款式图绘制是一项时效性要求很高的工作，需要设计师在有限的时间内，迅速捕捉、记录设计构思而出成果。

一般来说，在正式绘制箱包鞋品款式图之前，设计师所勾画的所有设计构思图稿都属于设计草图。设计草图可以在任何时间、任何地点、用必要的工具绘制。通常设计草图并不追求画面视觉的完整性，而是抓住箱包鞋品的特征进行描绘。有时在简单勾勒之后，采用简洁的色彩粗略表现即可；有时采用单线勾勒并结合文字说明的方法来记录设计构思、表达灵感，其比较简便快捷。箱包鞋品设计草图中的人物勾勒往往有所省略或相当简单，即在勾勒时侧重人物某种动态以表现出的款式效果。所以，省略人体的众多细节也是箱包鞋品设计草图的常态。

在设计箱包鞋品款式前，首先要对常见产品款式的类别、特征、使用场景等有充分的了解，只有掌握了足够多的基础款式的轮廓和比例，才能更好地确保设计作品的准确性和落地性。在确定了款式的基础造型后，可以通过各款式独有的设计元素，对如包包的扣锁、鞋子的鞋带以及箱子的把手等细节进一步优化，使得作品更有创新性。

在日常生活中，常见的鞋品款式有马丁靴、凉鞋、平底鞋、高跟鞋、户外工作鞋、运动鞋、帆布鞋、长靴、拖鞋等；常见的箱包款式有公文包、手提包、背包、斜挎包、手拿包、晚宴包、旅行包、旅行箱等。以下将介绍部分常见箱包鞋品款式图绘制，并对其款式特征进行简要概述。

1. 马丁靴

作为经典的鞋类设计，马丁靴通常包含一种反叛精神和不羁自由的文化象征，这一理念常体现在靴子的线条、结构和装饰细节上。在功能性方面，马丁靴通常具有良好的耐用性和防滑性能。这需要设计师在款式图中详细标注出所选材料的种类，比如厚实的皮革和防滑的橡胶底等（图 3-37、图 3-38）。

图 3-37　马丁靴款式图

图 3-38　马丁靴款式图结构示意

2. 凉鞋

设计凉鞋的款式是一个集合了创意性、舒适性、实用性、美观性，以及市场流行趋势于一体的过程。设计师要考虑到不同的场合，如室内穿着用、海滩穿着用或是城市休闲穿着用，使用场景将直接影响设计的方向和侧重点。

从功能性角度出发，凉鞋要求良好的透气性、舒适的脚感以及合适的保护性。因此，在设计款式时，除了款式廓形外，还需体现拟使用的材质的功能性，例如选用 EVA（乙烯-醋酸乙烯酯共聚物）泡沫或亲肤的织物，则需要体现出产品的轻巧性，如果使用橡胶底，则需要体现出产品的耐用性等（图 3-39）。

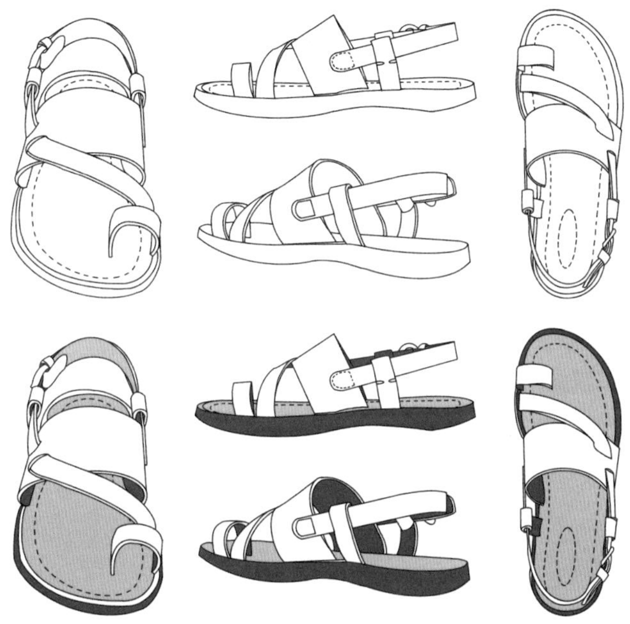

图 3-39　凉鞋款式图绘制

3. 平底鞋

平底鞋以其舒适性和实用性闻名，是日常生活中较为常见的鞋类选择。设计师在进行平底鞋的款式图绘制时，应考虑如何创造出既符合时尚潮流又不牺牲舒适度的鞋款。同时需要考虑到消费者的使用场景，例如，年轻时尚的用户群可能更偏向于新潮、带有装饰性细节的款式，而商务精英的用户群可能需要简洁、经典而又具有一定正式感的设计（图 3-40）。

图 3-40　平底鞋款式图绘制

4. 高跟鞋

确保产品的舒适性和稳定性是高跟鞋设计中的最大挑战，设计师可以将此作为首要考虑对象，在款式图绘制时就可通过鞋跟与鞋身的比例表现等，来确保消费者的使用舒适度。当然，时尚性也是高跟鞋品类中不容忽视的存在，设计师需要考虑产品的目标市场和品牌定位，有选择性地进行设计，如果是满足日常办公和休闲穿着，则需要优雅简约的款式；如果在特殊场合如晚宴、婚礼等，则更倾向于产品的华丽繁复（图 3-41）。

图 3-41　高跟鞋款式图绘制

5. 户外工作鞋

安全性是户外工作鞋设计的重心之一，反映到其款式图上可理解为多层设计和材料厚度的体现。考虑到其特殊的使用场景，设计师通常会在鞋头部分加入钢制或复合材料的防护罩，以防止重物落下时压伤脚趾，在某些特定的工作环境下，一些户外工作鞋还会在设计中加入防穿刺中底，以防止尖锐物体穿透鞋底。同时，在鞋子的款式设计上加上易辨识的反光条也是这类鞋品的标志性特征之一（图 3-42）。

图 3-42　户外工作鞋款式图绘制

6. 公文包

公文包的基本功能包括存放文件、笔记本电脑、商务卡片及个人物品等，在设计款式图时，如何对内部结构的规划进行展示就显得尤为关键了。款式图中不仅需要详细地体现出公文包的主隔层、电脑保护层、文件夹隔层，以及小物件收纳袋等，同时也要确保这些功能区既独立又互不干扰，最终结合设计师自身的时尚判断来完成款式图的绘制（图 3-43）。

图 3-43　公文包款式图绘制

7. 手提包

手提包不像公文包一般具体，设计师首先应当厘清所绘款式的具体用途和目标消费者群体，这将直接影响手提包的设计方向。例如，一个面向职场女性的手提包可能需要简洁、优雅，且有足够空间容纳日常必需品和办公用品；而一个面向年轻时尚人群的设计，则可能更注重款式的新颖和色彩的丰富性。同样，对于内部结构的规划也不容忽视（图 3-44、图 3-45）。

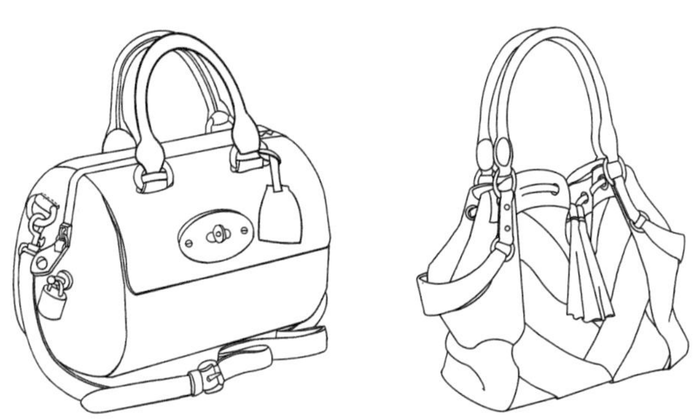

图 3-44　装饰性手提包款式图绘制

图 3-45　手提包款式图绘制

8. 旅行包

旅行包的核心功能是为旅行者提供足够的空间来存放行李和物品（图 3-46）。在设计款式图时，应当首先注重包体的容量设计，确保有足够的主储存空间，同时考虑到分隔合理的副储存空间，如内置的拉链袋、隔层和外部快速访问口袋，以方便旅行者分类储存和快速取用个人物品。

图 3-46　旅行包款式图绘制

舒适性和易携带性也是设计中的重要考量点，设计师会精心设计背带、手提把手和可调节的肩带，确保即使在长时间携带时也能保持舒适。对于背负式旅行包，还会特别关注背部的透气设计，以减少旅行者的负担。

二、箱包鞋品设计的手绘材质表现

面料、款式、色彩常被称为服装类产品的三要素，如此，面料材质的绘制在箱包设计手绘中的作用可见一斑。材质表现不仅是箱包鞋品设计过程的核心要素，更是赋予产品个性、风格和品牌价值的关键因素。

从学术性层面看，材质的质感、颜色和光泽表现直接决定了箱包鞋品设计的外观特性。例如，柔软的麂皮、光滑的全粒面皮革或高科技合成材料，往往能带来其独特的光影视觉效果。设计师可以通过精心挑选和表现材质，来为消费者创造出与众不同的触感体验、视觉冲击以及情感共鸣，从而促进消费者的认同感和购买欲望。

（一）牛仔材质的设计表现

牛仔材质的设计表现主要体现在牛仔面料独特的质地，以及随着时间变化产生的独有色泽。在进行牛仔材质的绘画时，设计师可以通过观察牛仔布的基本纹理，特别是斜纹布的交织模式。这种交织方式使得牛仔布具有鲜明的线条感，绘制时应用直线和斜线的组合来捕捉这一特征。牛仔布通常由靛蓝色和白色纱线交织而成，因此，在色彩上要准确表现出这种蓝白交错的视觉效果。在光影方面，由于牛仔布的厚重和质地感，光线在其表面上会形成明暗对比，尤其是在褶皱或缝线处。设计师需要通过对光影变化的细致捕捉，展现出牛仔布的立体质感。在牛仔布磨损或受损的部位，光影处理需更为精细，以表现出不同磨损程度下的色彩变化。

此外，牛仔材质的表现还需要传达出它特有的厚实感和耐穿性。这通常通过强调缝线、纽扣和口袋等细节来实现，绘画时要表现出这些元素的粗犷和实用性（图 3-47、图 3-48）。

图 3-47　牛仔布的面料材质

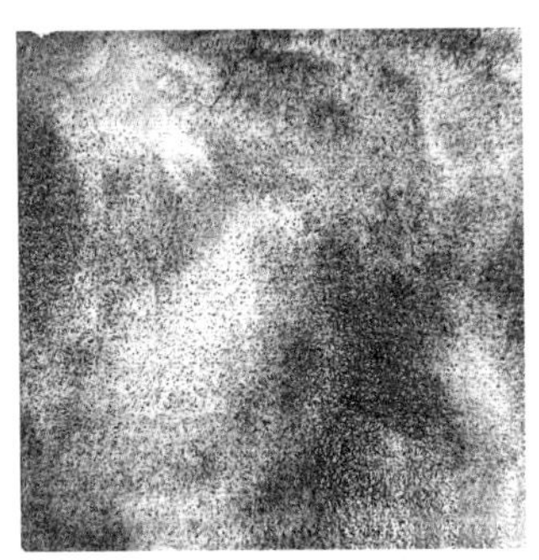

图 3-48　水彩类的牛仔材质设计表现

（二）皮革材质的设计表现

当前常见的箱包鞋品皮革材质大致分为两种，天然皮革和人造皮革。

皮革材质在设计表现中最难的是质地的表现，特别是皮革的光泽感，以及随着使用时间的增长皮革视觉上所产生的变化。皮革的特性在于它的柔韧性、光泽度以及表面的纹理，在进行箱包鞋品皮革材质的绘制时，设计师需要注意皮革的表面特征。如它自然的纹理线条，包括皱褶、划痕和不规则的斑点，这些是皮革材料的标志性特征。

除皮革特质外，与皮革材质表现效果关联较强的是光泽感的塑造。不同类型的皮革，如光面皮、麂皮或打蜡皮都有不同的光泽度。在绘画中，可以通过对高光和反光的精确描绘来模拟这种效果，同时需要注意反光部分与皮革本色之间的过渡，以最大程度地体现出材质的真实感。此外，对皮革材质与人体接触时的形态变化的表现也很重要。皮革服饰或用品在使用过程中会根据人体动作产生特定的褶皱和弯曲，设计师在进行箱包鞋品绘制时亦需呈现（图 3-49）。

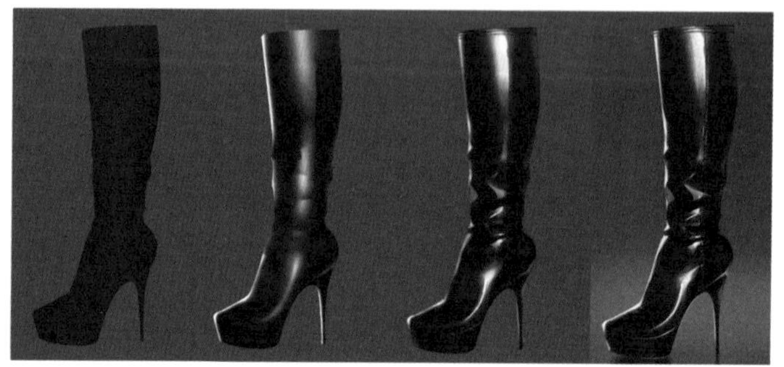

图 3-49　皮革类鞋品的设计表现

（三）针织材质的设计表现

针织材质的设计表现主要体现在对质地与柔软度的把握，同时，还要描绘出其特有的伸缩性和贴合性，以及针织物特有的线条和结构。在绘制时，设计师需通过精细的笔触来展现这些线条之间的交错和编织，这是针织面料与其他面料最显著的区别。

光影关系在针织面料的设计表现主要体现在针织物凹凸之间产生的明暗对比，营造出一种柔和而富有节奏的视觉效果。设计师可以通过变化笔触的压力和方向，来模拟这种光与影的交错效果，进而表现出针织物的立体感（图 3-50）。

图 3-50　常见的针织类箱包

此外，针织面料的弹性和流动性也需要被捕捉。在绘制垂感或者服装上的针织面料时，设计师需要描绘出它随人体曲线流动的特性，通过对褶皱和拉伸部分的夸张或细腻处理，传达面料的软质感和伸缩自如的特点。设计师需要认真观察和处理细节，以表现针织面料的精髓，让观者在视觉上感受到它独特的温暖和柔软（图 3-51）。

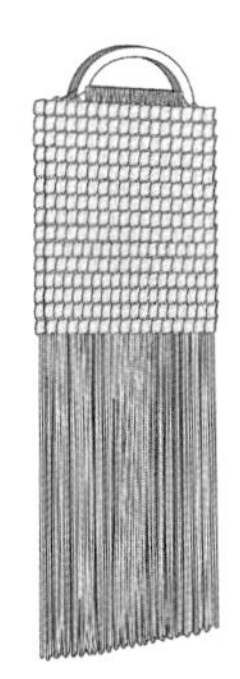
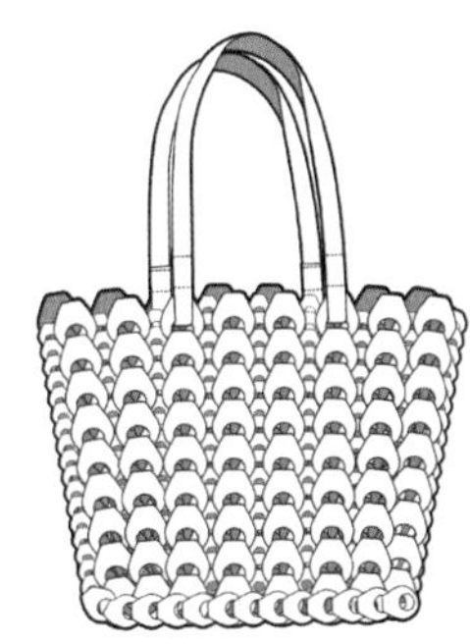

图 3-51　针织类箱包的设计表现

（四）毛皮材质的设计表现

毛皮材质的设计表现具有一定难度，它要求设计师在描绘时展现出毛皮的丰富层次感和光感，甚至一定的奢华感。在绘画中，毛皮需要以高度细腻的笔触去表现，以此表现出毛发的流动性和柔软性。在具体的绘画过程中，通常会从毛皮的基底色开始，以深色调为底，进而层层叠加出毛发的色彩渐变和丰富层次。

同时光影效果的设计表现也尤为关键。毛皮在光线照射下会呈现出独特的高光和阴影部分，这些高光通常较为集中而明亮，阴影则柔和并带有色彩的深深浅浅。设计师需要观察光如何在毛皮表面折射和反射，以及不同长度和密度的毛发如何形成独特的光影效果。绘制毛皮时不仅要表现其外观的奢华和质地，还要传达其重量感和体积感。通过对毛发方向的仔细描绘和对其紧密度的精确表现，能够让观者感受到穿上毛皮时的包裹感和厚重感。

此外，考虑到环保性，越来越多的设计师也倾向于使用仿毛皮的材质。在这样的情况下，设计师在绘制时不仅要传达出仿毛皮所特有的质地和特征，还要巧妙地表现出其与真毛皮的微妙差别，这些都需要设计师通过更细致的观察和更精准的技巧来完成（图 3-52）。

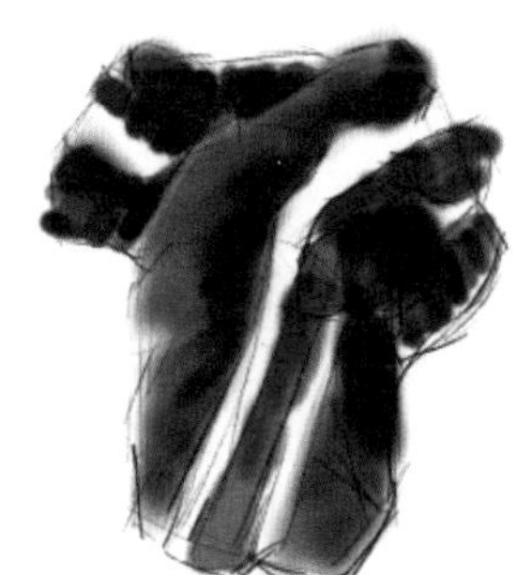

图 3-52　毛皮类材质的设计表现

（五）蕾丝材质的设计表现

蕾丝材质的设计表现要求设计师能够精确地捕捉蕾丝的精致花纹、透明感和层次感。蕾丝的绘制难度在于如何将其繁复的纹理和轻盈的特性表现在二维的画面上，并赋予其立体感和生命力。

在描绘蕾丝材质时，应当首先关注其基本结构，例如蕾丝的图案设计和编织方式等。蕾丝材质上的图案使用通常会呈对称性或循环重复性，因此在设计时要有条理地安排构图，保持图案的连贯性与和谐性。在蕾丝材质的具体表现上，设计师需要着重描绘通过蕾丝精细的花纹和边框，在确定材质整体的外轮廓形状后，铺上底色，然后逐渐增加细节，塑造出蕾丝织品的复杂性和精美度。在色彩选择上，蕾丝的颜色通常较为柔和，而且在不同光线下会呈现出细微的色彩变化。在绘制时需要把握好色彩的温度和饱和度，使用淡雅的颜色层次来表现蕾丝的柔美和透明质感。通过精细的笔触和对褶皱、拉伸的真实描绘，有效地传达出蕾丝材质在箱包鞋品中的优雅性和流动性（图 3-53、图 3-54）。

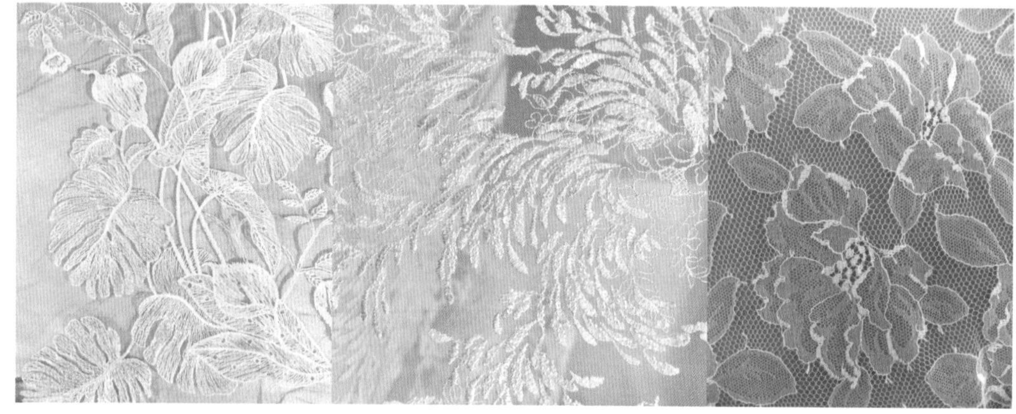

图 3-53　蕾丝材质

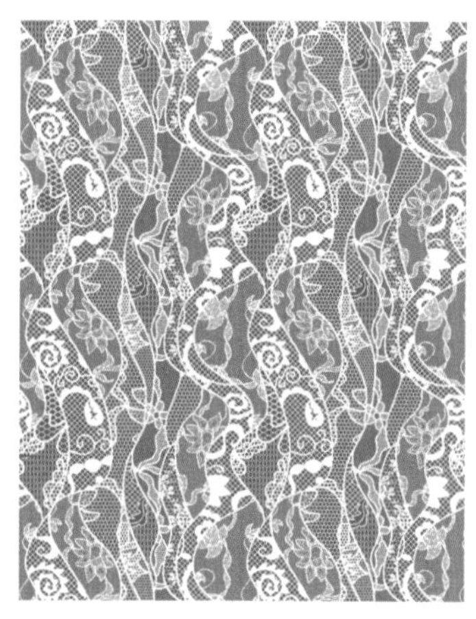

图 3-54　蕾丝面料的设计表现

（六）其他材质的设计表现

1. 亮片材质

带有亮片材质的设计表现对设计师有较高的要求，特别是对面料的独特质感和光彩的精确再现。在绘制过程中，设计师需要对亮片的光泽、色彩以及它们对光线的反射和折射有深刻理解。通过对光影变化的敏锐观察，利用颜色和笔触的巧妙搭配，创造出亮片独有的闪烁效果。

在画布上，亮片的每一次闪光都是对光源的直接响应，所以在描绘时需要特别注意光线的方向、强度与亮片表面的角度关系。同时，通过对暗部和亮部的对比强调，可以增强亮片面料的立体感和动态感。在颜色选择上，除了亮片本身的色彩，还要考虑环境中的色彩对亮片视觉呈现所产生的交织影响。最终，通过层次分明的色彩过渡和精细的笔触处理，使画作呈现出较好的视觉冲击力（图 3-55）。

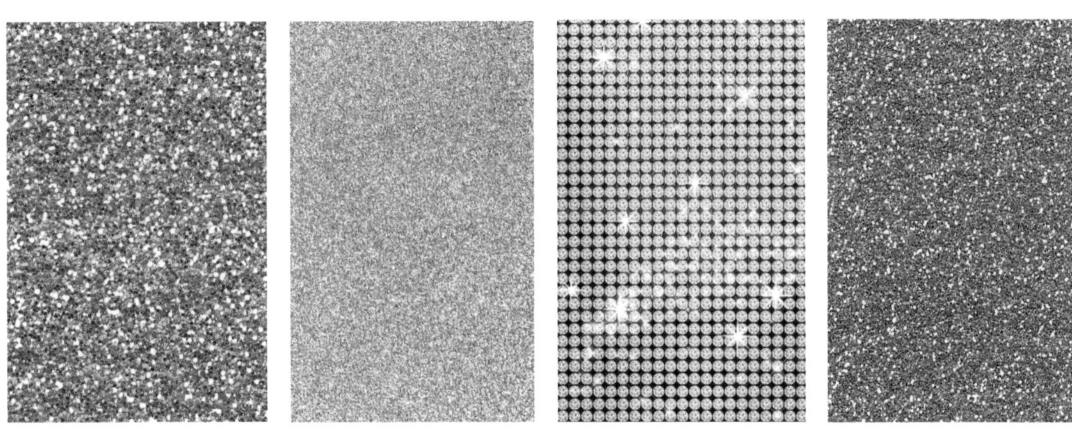

图 3-55　亮片材质的设计表现

2. 金属材质

金属材质的设计表现要求设计师能准确捕捉到金属表面所特有的光泽、反射性以及其与周围环境的相互作用。金属表面通常表现出高度光滑的特质，并且能够反射周围的色彩和形状，这种特性在艺术表现上称为“镜面反射”。除此之外，金属还具有各种不同的纹理和色泽，如铜绿、铁锈或磨砂效果，这些都需要设计师在具体设计时通过不同技巧来体现。

在绘制金属材质时，需要注意的是光线在金属表面所产生的“高光”“半影”和“反射”。“高光”是光线直接照射到金属表面并反射到观察者眼中最亮的部分，其形状和亮度取决于光源的性质和金属表面的特性；“半影”是指光线被金属表面柔和反射的区域，通常位于高光的周围，它有助于描绘出金属的形状和立体感；“反射”是指金属表面反射周围物体或场景的视觉效果，要求在箱包鞋品的设计效果图绘制时能够理解和表现出金属与其周围环境的互动（图 3-56、图 3-57）。

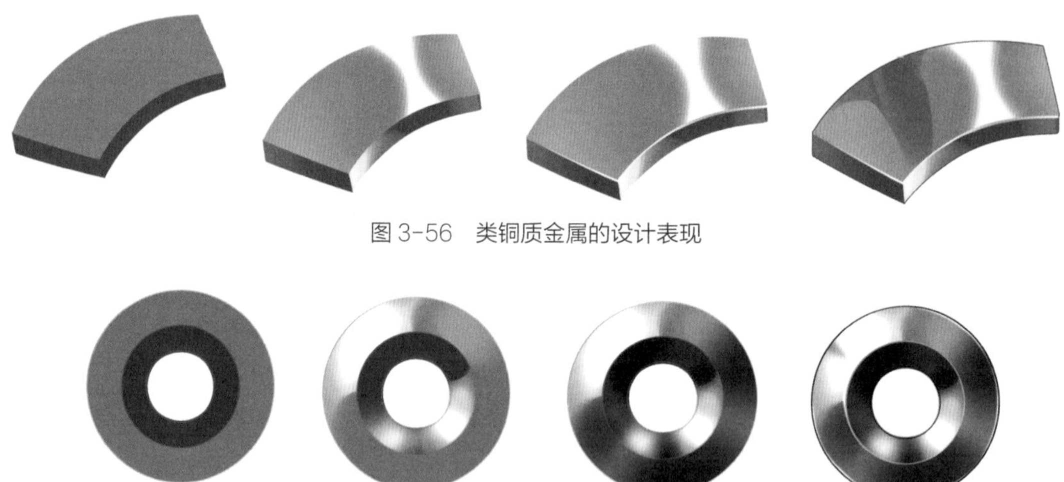

图 3-56　类铜质金属的设计表现

图 3-57　类铁质金属的设计表现

为了更好地表现金属材质，设计师可以使用如铅笔、炭笔、墨水或数码工具等不同媒介，通过精确的线条、明暗对比和色彩搭配来构建金属的视觉效果。在数字绘画中，诸如图层的叠加、不透明度的调整以及滤镜的应用都是表现金属材质的常有技法。

第四章
箱包鞋品设计元素表达

随着社会经济的不断发展，箱包及鞋品在生活中的用途更为广泛，其使用目的分类也越来越细。为了满足消费者需求，提高市场竞争力，设计师在产品设计过程中需要考虑多方面的元素表达，以创造出丰富多样的时尚产品，从而推动设计创新，提高产品附加值，引领潮流。箱包鞋品的创意设计可以吸引消费者的眼球，提高产品的曝光率和知名度。因此，对于箱包鞋品行业来说，创意设计具有不可或缺的重要作用，在竞争激烈的箱包鞋品市场中，独特的设计往往能够让产品脱颖而出。

目前箱包鞋品的种类很多，按照不同的要求其分类方法也有不同，狭义地讲，设计元素包括造型、色彩、材料、装饰细节等。如何利用这些多样的元素展示不同的设计，需要设计师的创新思维和个性化的表达方式。通过创意组合、运用象征元素、引入文化元素、突破常规、强调个性化以及运用科技元素等方法，可以创造出独特、多样的设计风格，从而满足消费者的需求。

在箱包鞋品的设计过程中，设计师要努力尝试使用不同的元素和组合方式，借鉴不同地区的文化元素，从传统艺术、建筑、服饰等方面寻找灵感，丰富设计元素的选择范围。当然，随着现代智能科技的发展，在箱包鞋品设计中使用智能材料、LED 灯等科技元素，能够让设计的产品更具未来感和创新性。本章将从箱包鞋品的设计元素出发，展示造型、色彩、材料等不同设计元素在箱包鞋品上的应用形式。

第一节　箱包鞋品造型设计元素与应用

箱包及鞋品作为实用性产品，款式造型受到使用功能的限制，不同品类的箱包及鞋品有着各自的基本造型和内部空间要求。在行李箱、公文包、运动鞋、登山鞋等产品中，实用性往往占据主导地位，而在奢侈品箱包鞋品中，审美性是占据第一位的。

造型是箱包的设计元素之一。箱包的造型不同于鞋品和服装，它更为独立，不受限于人体的范围中，只需满足盛放物品的需求，因此形态变化非常自由灵活。

箱包及鞋品的造型丰富多样，可以从不同方面、不同角度进行区分。从形状上看，箱包鞋品可以是挺括的、圆润的、异型的，等等；从造型的风格上看，箱包鞋品可以是传统的、现代的、中式的、经典的、时尚的、简约的，等等。但箱包鞋品的外轮廓造型永远是风格塑造的根本要素，形状和线条则是造型的基本设计元素，不同的形状和线条可以给消费者带来不同的视觉感受，从而影响其购买决策。例如，箱包的线条要流畅自然，符合人体工学；鞋品的线条要简洁大方，能够突出鞋子的舒适性和时尚感。在实际的造型设计中，设计师还需要考虑到产品的使用场合和受众人群，如商务出差用的箱包需要注重容量和耐用性，而运动鞋需要注重舒适度和透气性，因此还需要根据产品的使用场合和受众人群来选择合适的设计风格和元素。

一、挺括的造型应用

挺括的箱包鞋品造型能够突出产品的结构线条，使得箱包或鞋品的轮廓更加鲜明。这类造型通常采用较为硬朗的材料和工艺制作而成，因此具有较好的耐用性和抗皱性，即挺括的箱包鞋品不易变形，能够保持较长时间的形状和外观。总的来说，挺括的箱包鞋品造型在应用上具有耐用、实用、时尚感强和易于清洁维护等特点和优势。这种造型能够满足消费者对于品质、实用性和时尚感的需求，因此在市场上受到广泛的欢迎和认可。

（一）箱包

挺括的外观是箱包常见的造型，表现出多种规则的几何体形状，如长方体、正方体、圆柱体、棱柱体、不规则体等。其轮廓特征较为明确，外形比较平整，多采用直角或直线设计，具有简洁大方、结实耐磨的特点，是商务包及休闲包中主要的造型（图4-1）。

图 4-1　品牌女包

箱包挺括的外观设计往往可以增强其几何感和立体感。当然，这样的造型通常也具有很强的功能性，可以容纳较多的物品，并且便于携带和搬运。例如挺括的商务包可以容纳笔记本电脑等，箱包内部的隔层设计也可以帮助用户更好地分类和放置物品，使得在需要时能够快速找到所需物品，避免翻找，满足了人们在不同场合的使用需求（图 4-2）。

图 4-2　挺括的箱包造型

（二）鞋品

挺括的鞋品采用较硬的材质，例如皮革或硬质橡胶，这些材质能够提供良好的支撑和定型效果，易形成挺括的外观造型。在鞋底的设计上，挺括的造型往往比较厚实，可以提供较好的稳定性，并且常常采用牢固的鞋带。在细节的处理上，挺括的造型可以使鞋面非常精致，线条流畅、缝合牢靠，展现出较好的工艺水平及品质。硬质的材料在舒适度上欠佳，但随着经济的发展，各种新材料的发现和使用，可以通过新的技术将皮革等硬质材料软化处理但又不失其牢度，使之具有更高的质量及舒适性。如英国品牌其乐和丹麦品牌爱步，其鞋品大都具有挺括的造型设计特征，风格简约，质量上乘（图 4-3 ~ 图 4-5）。

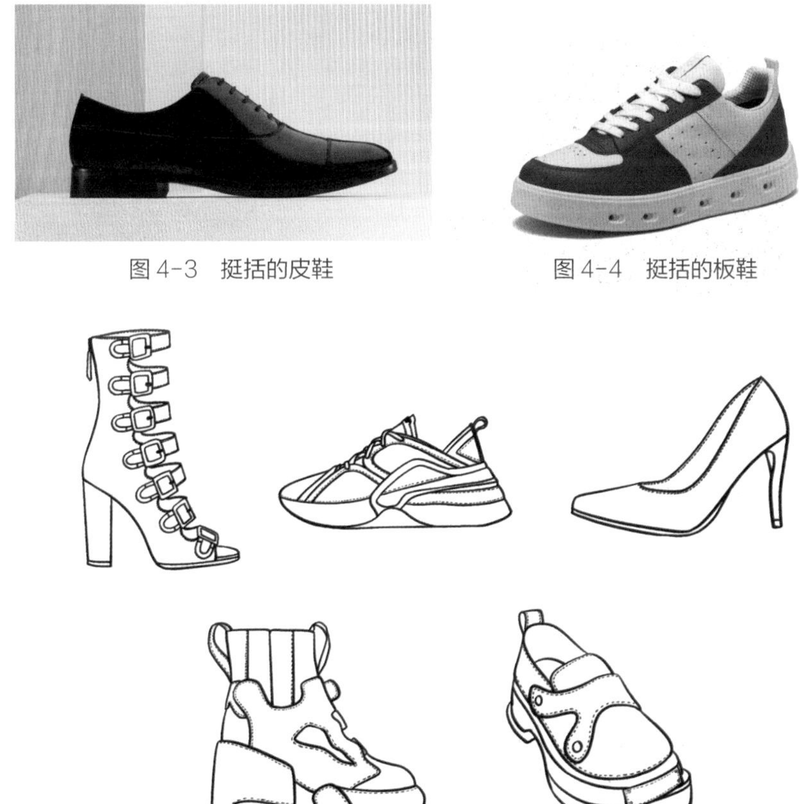

图 4-3　挺括的皮鞋

图 4-4　挺括的板鞋

图 4-5　挺括的鞋品造型

二、圆润的造型应用

在众多造型设计中，圆润的造型以其独特的曲线美和舒适度，逐渐成为时尚界和消费者所青睐的对象。圆润的箱包鞋品造型，以其流畅的线条、温和的外观，展现出一种柔美、亲和力和温暖感。这种造型不仅给人以轻松、愉悦的视觉体验，同时也为使用者带来舒适、自然的穿着感受。在当今追求个性化和高品质生活的时代，圆润的箱包鞋品造型正逐渐成为时尚潮流的新宠儿。

（一）箱包

圆润的箱包造型通常指箱包的形状呈现出柔和、饱满的曲线，无明显棱角，具有曲线美及优雅气质，给人温馨、柔和的视觉感受。这样的箱包设计可以中和服装的硬朗线条，使得整体造型更加柔和协调，也更加符合现代女性的审美取向。常见的水桶包、云朵包、枕头包等都属于圆润的箱包造型设计。该类包型具有较强的实用性，与传统的方形箱包相比，圆润的箱包结构更加灵活，同时具有更多的搭配可能性，由于其线条的流畅感，可适用于各种服装风格的搭配，这也让圆润的箱包有了百搭的特性（图 4-6、图 4-7）。

图 4-6　圆润的水桶包

图 4-7　圆润的云朵包

总之，圆润的箱包造型设计的特别之处在于其优雅、实用、百搭、轻便等，这些优点让圆润的箱包在时尚界备受欢迎，成为现代女性的必备单品之一（图 4-8）。

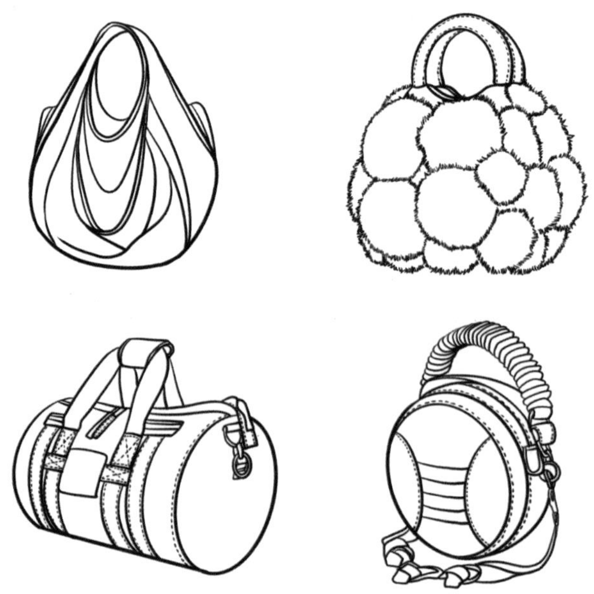

图 4-8　圆润的箱包造型

（二）鞋品

外观造型圆润的鞋品通常设计较为柔和，曲线非常优美，鞋头和鞋跟没有明显的尖锐边角，这类鞋子往往注重时尚感和舒适度。由于圆润廓形的鞋子具有更宽的鞋头及鞋跟，能够提供更大的空间，因此适用的人群范围更广，提供更加舒适的穿着体验（图 4-9、图 4-10）。圆润廓形的鞋品在设计过程中要考虑多方面因素，选取柔软且有弹性的材质能够更加符合造型特征，例如皮革、橡胶等都是不错的选择。在鞋型设计上多考虑流线形、圆形或椭圆形的鞋型，以此营造圆润饱满的外观。总之，设计圆润造型的鞋品需要注重细节和整体的协调性，根据不同场合和需求进行个性表达，以此满足消费者的需求和喜好（图 4-11）。

图 4-9　鞋头圆润的烟筒靴

图 4-10　圆润的洞洞鞋

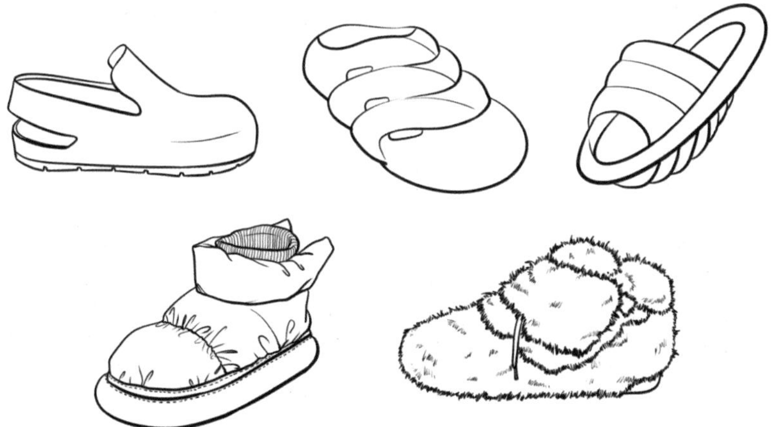

图 4-11　圆润的鞋品造型

三、异形的造型应用

异形箱包鞋品造型是指设计独特、不规则、与众不同的箱包鞋品造型。它打破了传统的形态和设计规则，以独特和创新的方式展现出别样的美感和个性。异形箱包鞋品造型可以是抽象的、奇特的或未来感的，也可以是结合多种元素的混搭风格。

无论是从创意、实用性还是审美价值上，异形箱包鞋品造型都展现出其独特的魅力和优势。它是时尚与创新的完美结合，为设计师提供了无限可能性的探索和追求。

（一）箱包

随着消费者对个性的追求，具有设计感的不规则外形箱包在日常生活中应用更加广泛，这类箱包从设计的不同角度大致可以分为异形几何拼接设计、建筑结构设计、艺术品造型设计、植物纹理设计、抽象立体造型设计、人体曲线设计、光影交错设计、动物形象设计等。例如异形几何拼接设计感箱包，设计师将不同大小和形状的几何图案拼接在一起，使其具有现代感。动物形象设计感箱包指以动物形象为灵感，创造出独具特色的箱包造型，以此吸引爱好动物的消费者兴趣。异形的箱包造型在设计上具有更加广泛灵活的处理方式，这需要设计师具备独特的审美观念。当然，不规则的箱包造型不光可以增添外观的趣味性，同时可以作为时尚搭配的一部分，展现个性与品位（图 4-12、图 4-13）。

图 4-12　异形箱包

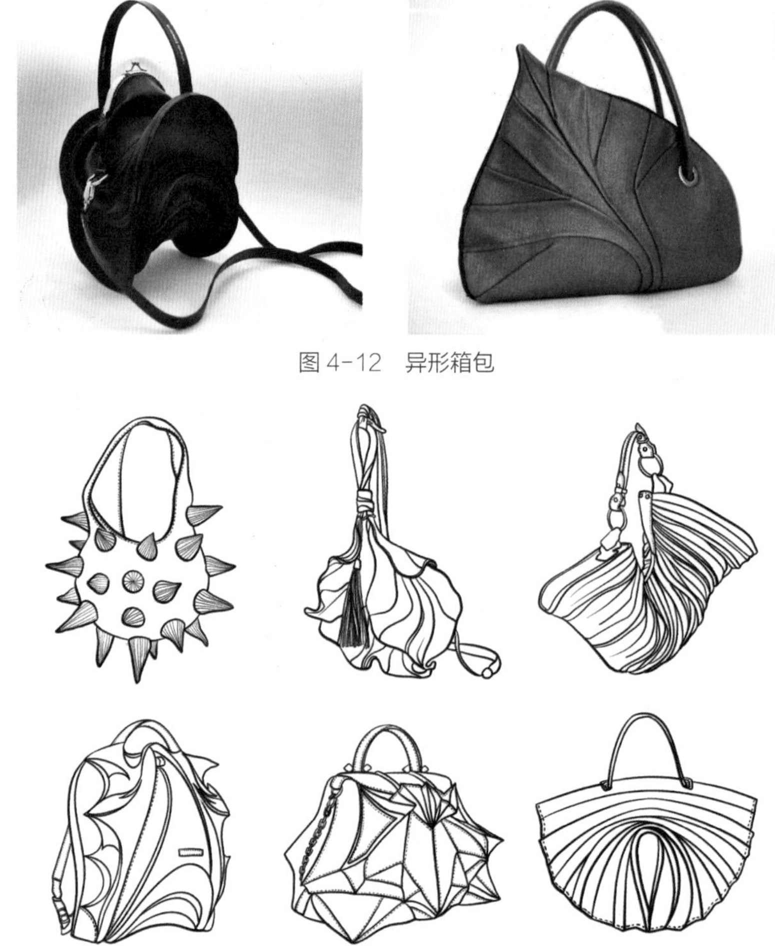

图 4-13　异形的箱包造型

（二）鞋品

异形的鞋品造型指设计打破常规，将鞋子左右两侧设计成不同的颜色或形状，或设计出弯曲或扭曲的鞋底，使用不同寻常的材料以及夸张的色彩图案等，从而营造出不同的视觉效果（图4-14～图4-16）。例如新锐轻奢鞋履品牌NOOWA LORDE的异形跟系列专利鞋品，是以行走的韵律节奏为灵感，受到年轻的潮流追求者的喜爱。具有设计感的异形鞋品造型需要设计师不断地实践和修改，必须足够了解人体结构和足部形状，为鞋品设计提供参考，同时可以借鉴自然界的元素作为灵感，将自然形态、纹理和图案运用在鞋品设计中，尝试新型材料与技术，尝试不同的设计理念，关注潮流和时尚的发展趋势，这样才能设计出既符合消费者对个性的需求，又具有实用性的鞋履商品。

图4-14 亚历山大·麦昆经典高跟鞋

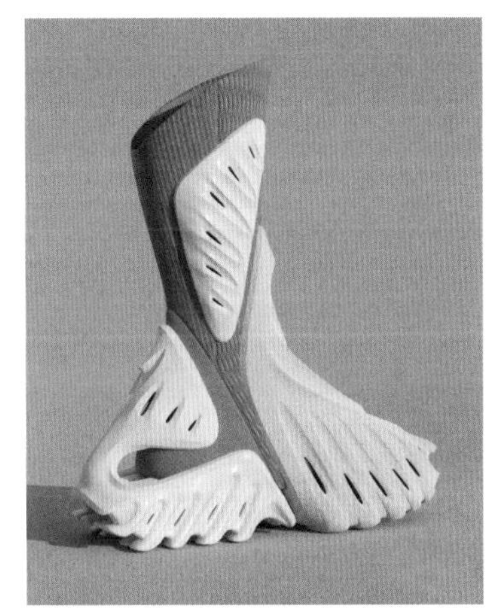

图4-15 异形新概念鞋

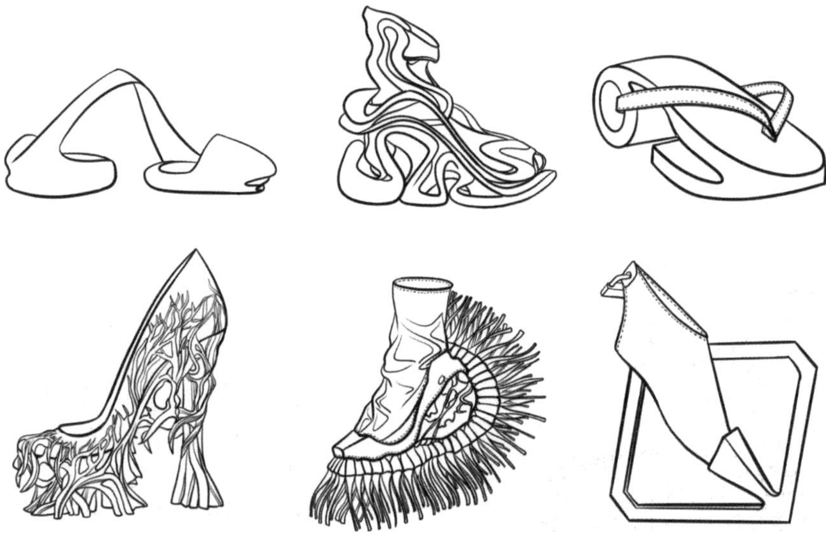

图4-16 异形的鞋品造型

第二节　箱包鞋品色彩设计元素与应用

随着时尚潮流的不断变化，箱包鞋品的色彩设计也在不断推陈出新。近年来，色彩设计逐渐趋向于多元化、个性化，同时也更加注重产品的实用性和舒适性。色彩是设计中最敏感的视觉元素，其情感表达最深、信息传递最快、视觉冲击最强，在箱包鞋品的感知消费中，色彩的协调组合十分重要。色彩与不同类型的箱包鞋品进行搭配并且固定后，会形成经典的色彩搭配形式和风格印象。了解和把握这类搭配形式及风格，对于设计师在箱包鞋品的设计过程中具有重要的指导意义。

箱包鞋品的色彩设计是产品设计中不可或缺的一环。通过巧妙的色彩设计和应用，可以提升产品的视觉效果和美感，吸引更多消费者的关注和喜爱。本节将从同类色组合、邻近色组合、对比色组合、互补色组合上分析箱包鞋品的不同色彩应用效果，同时对箱包鞋品的常用配色组合及配色方法进行阐述。

一、同类色组合在箱包鞋品上的应用

同类色指色相性质相同，但色度有深浅之分（色相环中30°夹角内的颜色）。由于色彩相邻，容易取得统一的配色效果，同类色搭配效果和谐统一，能保持色彩协调、柔和。但搭配不当容易显得单调、乏味，在设计中可以适当加大各色间的明度差或纯度差，增加变化美感（图4-17）。

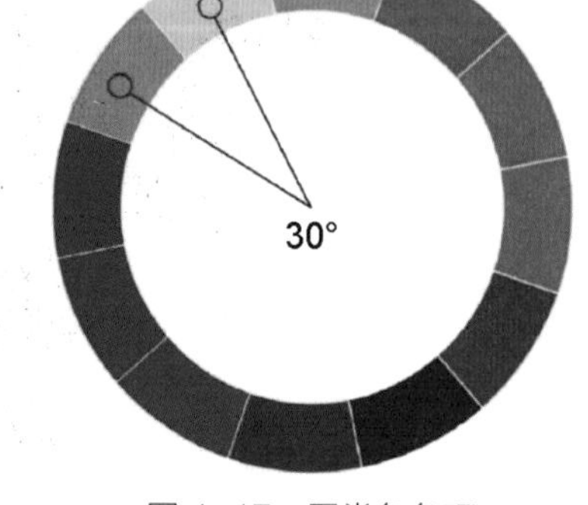

图4-17　同类色色环

使用同类色组合的箱包鞋品设计往往层次对比较弱，能给人简洁明快、和谐统一的美感。将同类色运用在设计中，可以尝试使用不同深浅的同一颜色来创造深度，例如深蓝色和浅蓝色，深红色和浅红色的组合（图4-18）。在同一色系中选择不同材质及纹理的搭配，也能增强其视觉对比度，创造出不同的质感（图4-19）。另外，同一色系的不同图案也是不错的选择，可以丰富视觉趣味性，以营造和谐统一的视觉效果（图4-20）。

图4-18　同色系不同深浅的挎包

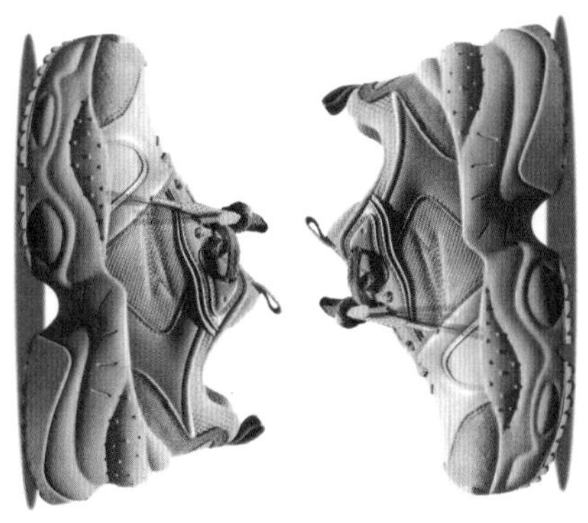

图 4-19　同色系不同材质的运动鞋

图 4-20　同色系不同图案的挎包

二、邻近色组合在箱包鞋品上的应用

相互邻近而属于不同色相的颜色，为邻近色关系（色相环中 90° 夹角内的颜色）。邻近色在色相上有一定差别，但在视觉上较为接近，其对比效果适中，视觉效果和谐，设计中应当注意各色的主次关系及明度、纯度的适度变化（图 4-21）。

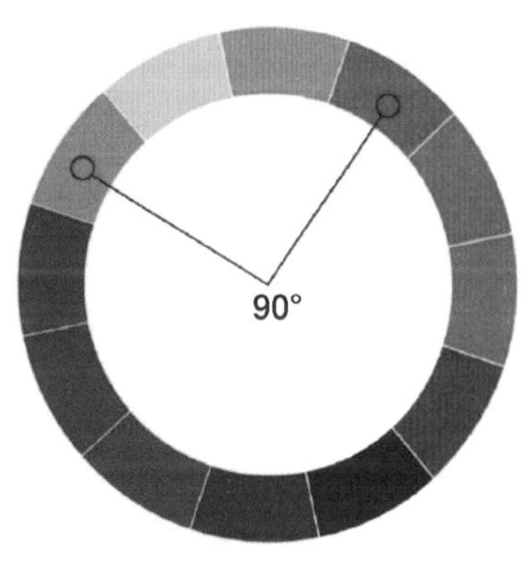

图 4-21　邻近色色环

邻近色在箱包鞋品设计中的运用可以增强整体的和谐感和统一感，邻近色的组合在明度和纯度上可以构成较大的反差效果，又具有色彩冷暖对比和明暗对比，因此这种配色使产品呈现出丰富、跳跃的感觉。将邻近色作为箱包鞋品的主要颜色或背景色，或利用邻近色的渐变效果来实现柔和的过渡，同时根据具体的设计需求和目标进行合理选择及搭配，才能更好地将邻近色组合应用在箱包鞋品中（图 4-22、图 4-23）。

图 4-22　邻近色组合运动鞋

图 4-23　邻近色组合挎包

三、对比色组合在箱包鞋品上的应用

以一种颜色为基准，与之相隔 120° 的颜色称为对比色。对比色是两种可以明显区分的色彩，包括色相对比、冷暖对比、明度对比、饱和度对比等，是构成明显色彩效果的重要手段。如常见的红色与蓝色、红色与黄色，对比色的搭配呈现出强烈的对比效果，具有强烈、饱满、明快的视觉特点。但由于色彩的强烈对比，易出现不统一，在设计中需要增加统一调和的元素，使其在变化和对比中统一起来（图 4-24）。

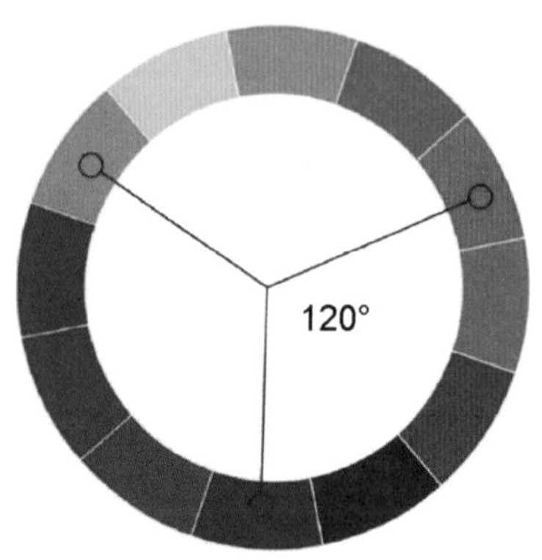

图 4-24　对比色色环

在箱包鞋品的设计上，对比色的应用可以为产品增添活力、视觉冲击力以及时尚感，设计师根据产品的风格和定位选择合适的对比色组合进行搭配，使产品更具个性。搭配过程中要适当考虑对比色组合的比例、平衡、节奏、强调、呼应等形式美构成（图 4-25、图 4-26）。

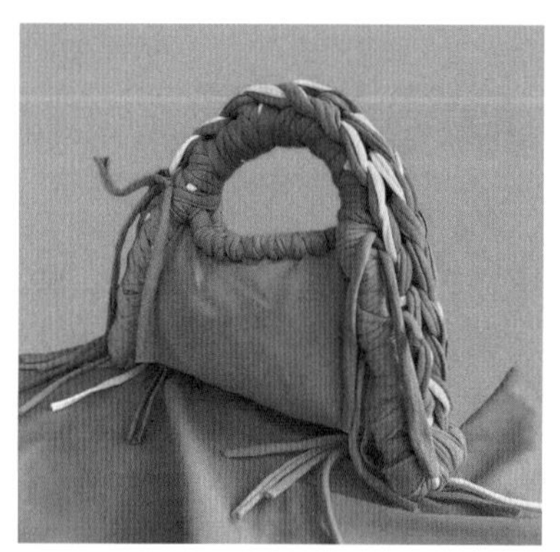
图 4-25　对比色挎包

图 4-26　对比色鞋品

四、互补色组合在箱包鞋品上的应用

互补色即在色环中夹角成 180° 正对的两个颜色，如常见的红色与绿色、黄色与紫色、蓝色与橙色。互补色组合会引起强烈对比的色觉，使得画面色彩冲突对比，具有活跃、兴奋、华丽的视觉特点。运用互补色进行设计时，需要进行调和处理，使得互补色既相互对立，又和谐统一（图 4-27）。

互补色在箱包鞋品上的合理运用能够提升产品的个性化和时尚感，可将互补色作为产品的主色调，或通过细节的处理来体现互补色的运用，例如在鞋品的拉链、鞋带等部位，箱包的扣子、肩带等部位选择与产品主色调对应的互补色。品牌标识是产品的灵魂所在，由于互补色具有强烈的对比特性，因此可以通过互补色的运用来提升品牌标识的视觉效果和辨识度，由此使得品牌标识更加独特和醒目，达到更好的

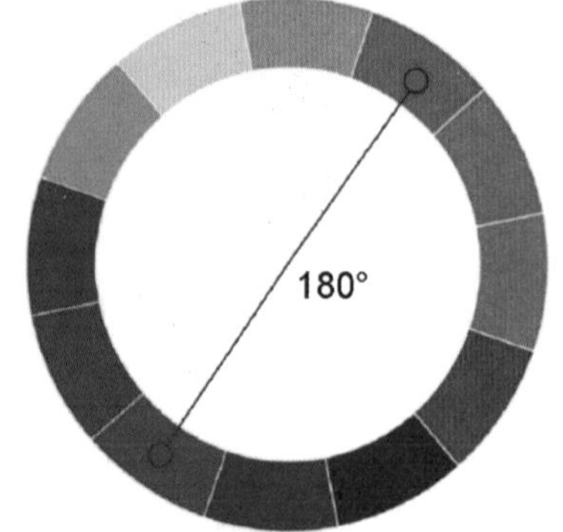

图 4-27　互补色色环

销售目的（图 4-28）。

五、常见的色彩配色在箱包鞋品上的应用

色彩是影响消费者对产品第一印象的重要因素。色彩的搭配是设计的一项难题，除了遵循基本的配色原则之外，不同的产品也有不同的色彩运用规律。通过使用特定的颜色和配色方案，品牌可以传达自己的品牌故事和文化。在箱包鞋品中也有许多常用的配色规律，例如单色配色、多色配色、经典黑白配色、中国风配色，以及使用蒙德里安色系、马卡龙色系、莫兰迪色系等进行的配色方案。

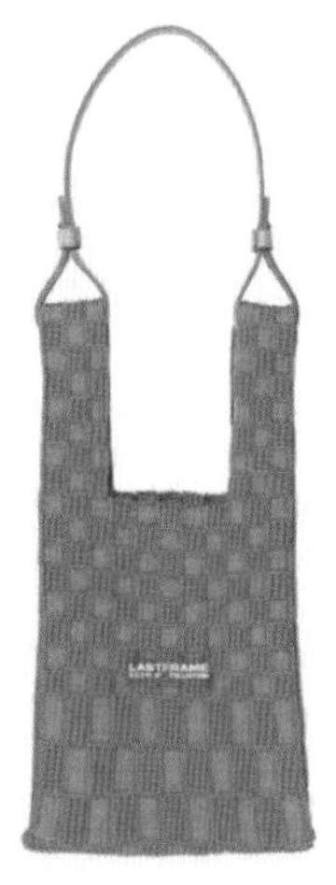

图 4-28　某品牌手提包

（一）单色配色

单色配色指主体为单一的颜色，该类配色在箱包鞋品设计中是常见的运用方式，可以带来简约、时尚、干净的视觉效果，并且易于搭配，非常实用。另外，单色配色的产品不易随着时尚潮流的变化而过时，具有稳定性。单一配色也适用于箱包鞋品中五金配件及零部件较多的情况，可以适当减弱其烦琐、零乱的视觉印象。例如全黑的箱包鞋品设计使产品神秘而低调，全白的设计使产品纯净而高雅，高档的商务包使用全黑色可以增添严肃、稳重的氛围感（图 4-29）。

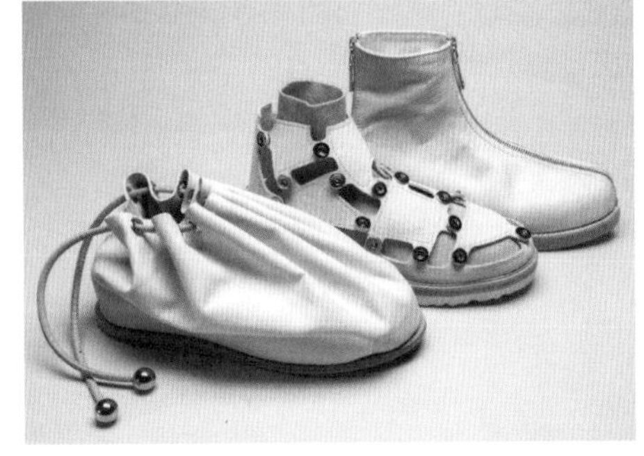

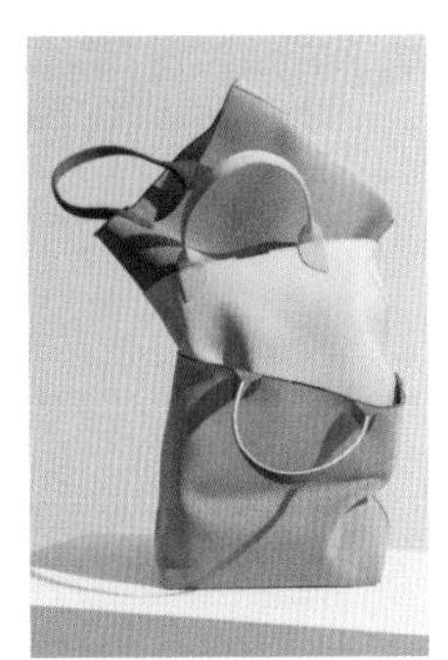

图 4-29　单色配色箱包及鞋品

在设计中使用单色配色，尽管具有极强的整体性，但由于色彩的单一，对材料的质感要求也相对较高。箱包设计中，可以在五金配件、缝纫线迹等细节部位使用其他颜色，例如在全黑皮革材质的箱包上使用金色或银色拉链，以此提升皮革的高档感。细节部位采用其他简单色彩进行搭配可以获得有变化的统一和谐效果，打造具有美感的箱包鞋品。

（二）二至三色配色

在箱包鞋品的产品设计中，单色配色长期居于主流地位，但该配色方式较为朴素单一，因

此多色彩的搭配方式在产品中也是不可或缺的。二至三色配色可以带来丰富的视觉效果和表达设计概念的可能性，且该配色介于单色及多色之间，显得更加稳定实用。二至三色配色在应用过程中需要注意色彩的主次关系，主要色彩一般占据较大面积，辅助配色则可以出现在箱包袋盖、背带、鞋跟、鞋底等位置，并且需要与主要色彩形成呼应关系，以取得平衡感。将该配色组合更好地应用在箱包鞋品上，设计师可以根据需求创建包含所选颜色配色组合的色板，以便于在设计过程中参考和使用。色板可以包括每个颜色的色调、饱和度和亮度等信息，以确保最终的设计保持一致性。还需要尝试不同的颜色组合，包括对比、渐变、类比等。通过实验不同的色彩组合，寻找最能传达设计概念的配色方案，并能引起目标受众的共鸣（图 4-30、图 4-31）。

图 4-30　二至三色配色鞋品

图 4-31　二至三色配色箱包

（三）多色配色

近年来，多色配色在产品上的应用越来越广泛。这是由于多色配色色彩更为丰富，更加能够吸引消费者，且随着生活水平的提升，消费者对个性化追求越来越大胆，敢于尝试多样且丰富的配色产品，多色配色的视觉效果也使得产品在市场上脱颖而出，从而提高了产品的销量。

多色配色在箱包鞋品设计中的应用方式多种多样，例如通过多种色彩互补对比、冷暖对比、明度对比的对比法；在主体色彩上进行多样色彩辅助的点缀法；通过多种色彩渐变混合，使产品呈现丰富色彩层次的渐变法；采用拼接形式为多种色彩进行搭配的拼色法；将原本不合适的颜色搭配在一起形成突出视觉效果的撞色法等。这样的配色方式使得箱包鞋品在色彩设计上产生了极大的突破，设计思想有了更大的表达空间，即便产品造型结构简单，也能通过色彩获得独特的外观（图 4-32）。

（四）流行色配色

流行色指在一定时间区域范围内，受到消费者普遍喜爱的几组色调或色彩，是一定时期市场的主销色，流行色的预测、发布、应用满足了消费者精神及物质层面的需求。箱包鞋品的流行色受到地理、季节、文化等因素的影响，具有周期性的特征，箱包鞋品流行色的周期长短一般与地域经济发展水平、审美要求、购买力等因素相关。根据国内外专家研究表明，流行色的变化周期包括始发、上升、高潮、消退四个阶段，经历大约5~7年时间，在始发至上升期内，有1~2年的黄金销售季节。箱包鞋品的流行色通常分为以人为主体和以物为主体的传播方式，以人为主体的传播方式包括知名公众人物的“带货”效应，以及街头对“弄潮儿”的崇拜模仿等；以物为主体的传播方式包括通过杂志、社交媒体、广告等渠道进行传播，引起消费者的美感和情感共鸣。

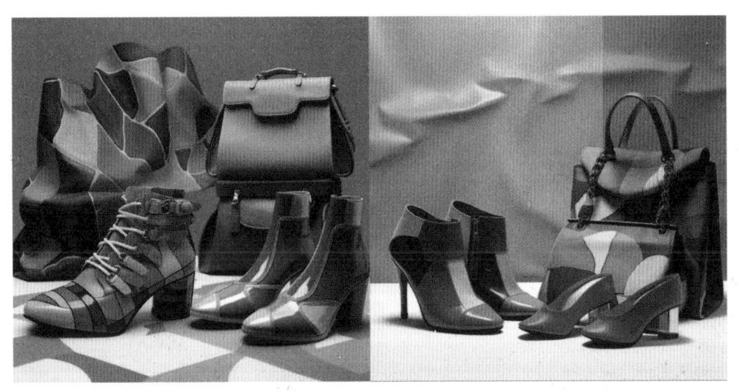

图4-32　多色配色组合箱包鞋品

1. 经典黑白配

箱包鞋品奢侈品牌的色调盘里，黑白配色无疑是永恒的经典。黑白配色简洁明了，没有过多的色彩和元素，给人清新、自然之感，这种简约大方的设计风格融入箱包鞋品设计中很容易搭配不同的服饰和场合，不容易出错。黑色拥有谦虚与傲慢两种特质，经典、永恒、酷感一直是黑色的标签，无论在秀场或街头，都能持续为产品赋予惊喜。白色是永不褪色的经典，象征美好的事物，以不同的形式营造出完全不同的美感，代表纯洁、干净、简单、清新，能表达丰富的情绪。黑白配色的组合将两种截然不同的感觉巧妙地结合在一起，营造出一种神秘、独特的氛围，这些特点使得黑白配色在时尚界一直备受追捧，成为永恒的经典（图4-33、图4-34）。

图4-33　黑白配色手提袋

图4-34　黑白配色鞋品

2. 大地色系配色

大地色系配色是一种以棕色、米色、卡其色等大地色为主的配色方案。大地色系配色非常适合秋冬季节，可以营造出一种温馨、舒适的氛围，是箱包鞋品设计中常见的配色方案。用不同深浅的棕色或大地色进行搭配，简约大气，质感高级，同时也适合对色彩要求偏保守稳重的职场。箱包及鞋品如需要个性时髦，可以选择在棕色系的基础上，选择小面积的鲜艳色来“点睛”，但是要注意鲜艳色彩的比例不适合过多（图 4-35、图 4-36）。

图 4-35 大地色系配色箱包

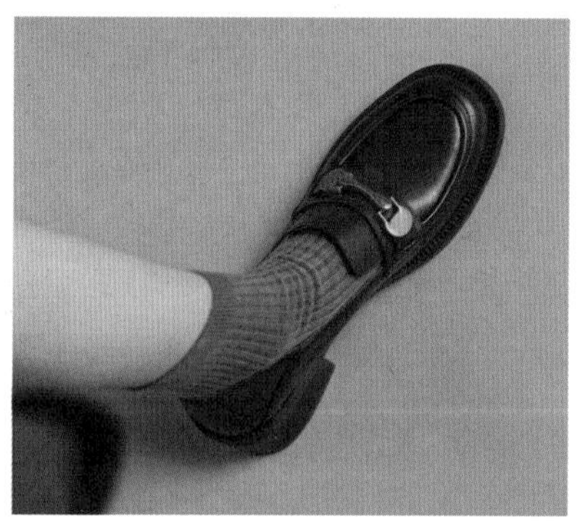

图 4-36 大地色系配色鞋品

3. 多巴胺配色

多巴胺是一种神经递质，与奖赏、动机和快乐感相关，多巴胺的分泌会使人的大脑不自觉地感受到愉悦、轻松，因此明亮的颜色会使人感到快乐，高饱和的明媚色彩可以给人带来活力与生机，同时也可以对视觉产生刺激，从而影响人们的情绪和判断。随着网络科技的发展，大数据智能化时代使得多巴胺配色饰品也活跃在大众视野中，其活跃的原因主要来自现代人对情绪的释放需求，对人生态度的表达需求，这也是很多品牌抓住当代人这种心理需求的主要营销点（图 4-37）。

图 4-37 多巴胺配色箱包鞋品

4. 中国风配色

中国风配色是一种充满中国传统文化气息的配色方式，红色、黄色、蓝色、绿色是其中常见的色彩，分别寓意喜庆吉祥、富贵吉祥、宁静清新、生命自然。中国风配色特征是丰富多样、精美出众、寓意非凡的，当中也不乏民间色彩。中国古代传统色谱中的色系较为沉稳，所使用的色彩饱和度不高，一般在配色时会以共性色调进行色彩搭配，为画面营造较为统一和谐的氛围。

图 4-38　中国风配色手提包

随着中国文化的深入人心，更多具有中国风格的事物得到了当代年轻人的认可与追捧。各大主流品牌也开始将中国传统文化融入当代审美产品中，以充满自信、极简却又饱含张力的艺术发声，将东方时尚的色彩韵味在箱包鞋品上呈现出来（图 4-38、图 4-39）。

图 4-39　中国风配色高跟鞋

5. 莫兰迪配色

莫兰迪配色是一种由意大利画家乔治·莫兰迪（Giorgio Morandi）画作中的色彩关系而来的色系，其色系特点是饱和度不高的灰系颜色，所有颜色都好像蒙了一层雾。莫兰迪配色在设计中常用于网页设计、平面设计、室内设计等领域，在影视、包装甚至数码界也有广泛的应用，例如手机中的用户界面（UI）设计等。莫兰迪色系在现代被誉为“最治愈舒服”的色系，画家在运用的颜色中都加入了一定比例的灰色，这样的颜色也就是“高级灰”，灰色会中和原本厚重艳丽的色彩，使得整个配色相互制约，让视觉达到完美平衡，更能突显产品使用者的高级与品位（图 4-40、图 4-41）。

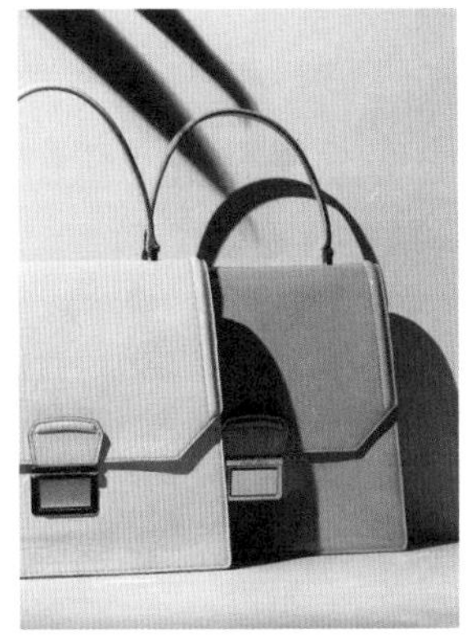
图 4-40　莫兰迪配色箱包

图 4-41　莫兰迪配色鞋品

6. 洛可可配色

洛可可配色是一种以清新自然色彩和浪漫浮华为特色的设计风格，其灵感来源于 18 世纪的洛可可艺术风格，擅长运用柔和的色调和低对比度，营造出模糊又梦幻的氛围。洛可可风格的主色调通常是嫩绿色、粉红色、玫瑰红色等色彩鲜艳的浅色调，配以其他靓丽的色彩。传统洛可可风格体现的是法国没落贵族追求华丽、闲适的审美理想，植物的清新色彩与无拘无束的自然气息是对追求繁复和浪漫主义气息的洛可可风格最佳诠释之一。在现代市场中，洛可可风格以其浪漫的色彩俘获了万众少女的芳心。在洛可可配色中，白色是非常重要的一种颜色，它常常作为背景色或与其他颜色搭配使用。此外，金色和银色也是洛可可配色中常用的颜色，可以增加设计产品的华丽感和奢华感（图 4-42、图 4-43）。

图 4-42　洛可可风格绘画

图 4-43　洛可可配色高跟鞋

7. 马卡龙配色

马卡龙配色是一种饱和度较低、色调柔和的色彩组合，其灵感来源于法国传统的甜点马卡龙。马卡龙的外观五彩缤纷，近年来受到了时尚界的追捧和喜爱，马卡龙色系由此诞生。马卡龙配色通常采用粉色、淡紫色、淡蓝色和淡绿色等柔和的色调，这类颜色能给人温馨、浪漫和舒适之感。同时，马卡龙配色也包括一系列明亮的颜色，如亮黄色、橙色、深红色等，这些颜色为设计增添了活力。马卡龙配色的箱包鞋品非常适合年轻女性消费群体（图 4-44、图 4-45）。

8. 蒙德里安配色

蒙德里安配色是一种高级且持久的色彩组合，其灵感来源于荷兰艺术家蒙德里安的绘画作品。该配色色彩组合非常简单，仅靠黑白线条和红、黄、蓝三原色格子组成，用色大胆，在视觉上具有很强的冲击力。蒙德里安配色的特点在于其简约、平衡及和谐，不同颜色之间的搭配非常精准协调，使它们在设计中具有高度的可辨识度和视觉冲击力。蒙德里安的色彩风格使用最基础的颜色与形状，却概括了世界万物之美，营造出有感染力的空间（图 4-46 ~ 图 4-48）。

图 4-44　马卡龙配色鞋品

图 4-45　马卡龙配色箱包

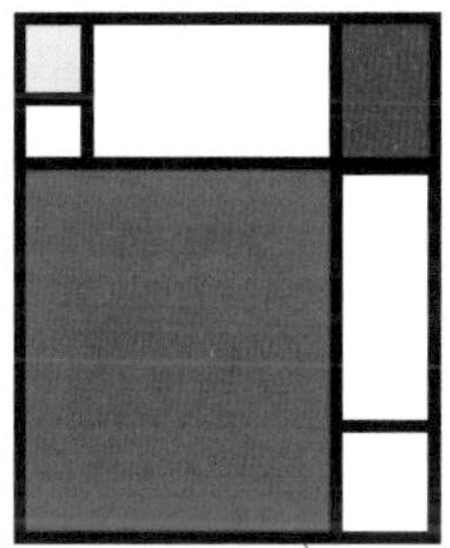

图 4-46　蒙德里安配色

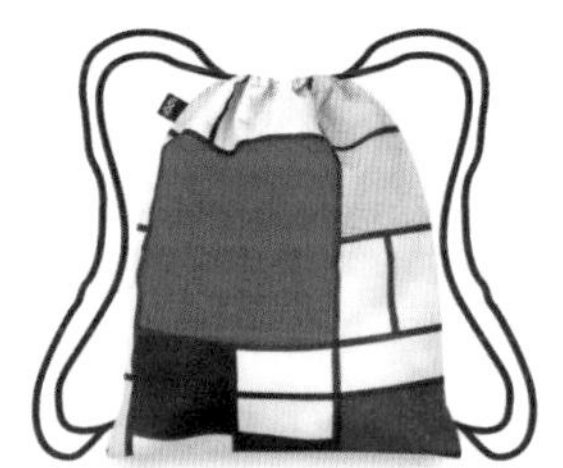

图 4-47　蒙德里安配色箱包

图 4-48　蒙德里安配色鞋品

9. 孟菲斯配色

孟菲斯配色是一种起源于意大利米兰的设计风格，其特点是画面丰富，以点线面图形为主，具有伪立体的效果，为画面提供视觉上的空间感。简单的点线和几何图形是孟菲斯风格的基本形态，线可以是背景，点可以是肌理，图形常以圆形、三角形、方形为主，具有随意性和流动性，并且不受版式的限制，设计元素无规律地排列。孟菲斯配色不仅用于服装配饰设计中，在家居设计、建筑设计、平面设计中也非常受欢迎（图 4-49、图 4-50）。

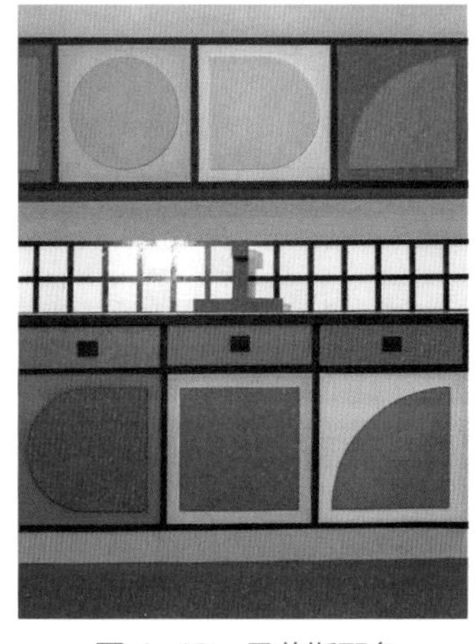

图 4-49　孟菲斯配色

图 4-50　孟菲斯配色箱包

10. 马蒂斯配色

马蒂斯配色来源于法国艺术家马蒂斯的绘画作品，是一种鲜艳、明亮且充满生命力的色彩组合。黑色是马蒂斯作品中的主要色调之一，白色也在马蒂斯作品中占据重要地位，此外，马蒂斯作品还运用了丰富的其他高饱和色彩，位于黑白之间的中间色。总之，马蒂斯配色因其鲜明的色彩对比、充满生命力、艺术感十足、适用性强和容易搭配等特点，在设计领域中受到广泛欢迎。箱包设计中常常见到运用马蒂斯配色及马蒂斯自然图案进行创作的产品，为消费者带来了更多个性的选择（图 4-51）。

图 4-51　马蒂斯配色风格及箱包产品

第三节　箱包鞋品材料设计元素与应用

材料作为决定产品品质和功能性的关键，其设计元素与应用显得尤为重要。箱包鞋品的材料设计元素，不仅关乎产品的外观与触感，更影响着其实用性和耐用性。从皮革到布料、从金属到塑料，每一种材料都有其独特的特性和应用场景。而如何将这些材料巧妙地运用在箱包鞋品设计中，使产品在满足实用需求的同时，又能展现出独特的审美价值，是设计师们面临的重要挑战。

箱包鞋品设计中的材料主要包括主料和辅料，本节将从主料和辅料两个方面，分析箱包及鞋品在主料中可以运用的相关材质，以及在功能性辅料和装饰性辅料中如何进行设计元素应用。

一、主料

箱包鞋品的主料是构成产品主体结构与外观质感的重要组成部分。随着科技的进步和消费者需求的多样化，箱包鞋品主料的选择呈现出多元化的发展趋势。在箱包领域，主料的选择主要考虑其耐用性、防水性能、重量以及外观质感等因素。在鞋品领域，主料的选择则更加注重舒适度、透气性和耐用性。

各类织物、皮革是箱包鞋品的常见主料。随着大众环保意识的增强，越来越多的消费者开始关注产品的环保性能。因此，选择可回收利用或生物降解的新型科技材料作为主料成为箱包鞋品行业的一个重要趋势。

（一）织物类材料在箱包鞋品上的应用

织物根据生产方式不同，大致可以分为机织物、非织造布、复合织物、编织物等，这是服饰中使用织物最常见的分类方式（表4-1）。

表4-1　织物按生产方式分类

类别	特　点
机织物	结构稳定、布面平整、柔软舒适、耐用性好
非织造布	生产速度快、产量高、成本低
复合织物	耐磨性好、防风、防雨、透湿、保暖
编织物	轻薄、灵活、伸缩性好、透气性强

1. 机织物

机织物是由存在交叉关系的纱线构成的织物，其中，一组纱线称为经纱，另一组纱线称为纬纱，经纱和纬纱在织物中相互垂直交织，形成一个个的交叉点，称为组织点。机织物的特点是结构稳定，不易变形，耐用性好，可以承受较大的拉力和压力。此外，机织物还可以通过不同的组织结构和纱线材质来实现纹理、厚度和重量的变化，因此被广泛应用于服装、家居用品、工业用品等领域（图4-52）。

图4-52　机织物

2. 非织造布

非织造布又被称为“无纺布”或“不织布”，是未经传统的织造工艺，直接由纺织纤维、纱线、长丝，经机械或化学加工，使之黏合、结合而成的薄片状或毛毡状结构物。非织造布不包括传统的毡制、纸制产品，它的生产流程短、成本低、产量高、使用范围广泛、发展十分迅速。

在汽车行业，非织造布常用于汽车内部装潢、边饰、椅套、车门外罩等；在服装行业，非织造布主要用于里衬、防护衣、护肩、护垫、工作服等；在鞋品设计中，非织造布可以作为鞋面的主要材料，提供良好的支撑和透气性，还可用于运动鞋的鞋垫上，以提供支撑和减震效果；在旅行箱的设计中，非织造布可以作为内衬，保护内部物品免受撞击和挤压的损坏。此外，非织造布还可用于医疗卫生、土木工程与建筑、交通工具等多个领域，为大众生活提供便利，满足人类生活需求（图4-53）。

图4-53　非织造布

3. 复合织物

复合织物是一种新型材料，由一层或多层纺织材料、无纺织材料和其他功能材料制成，通常采用超细纤维作为原料，经过特定的纺织加工和独特的染色整理后，再用复合设备加工而成。而超细纤维具有细度高、表面积大、柔软性好、吸湿性强等特点，因此复合织物也继承并具备了这些优点。常见的复合织物有海岛型复合织物、网状型复合织物、螺纹型复合织物等，在箱包、鞋品和服装等领域，复合织物广泛应用于制作面料、里料、内衬、垫层等部件。例如，SBR潜水料复合面料就是一种常见的复合织物，具有无味、环保、防水等特点，适用于制作潜水服、箱包等产品。随着科技的不断发展，复合织物未来将在箱包、鞋品等领域发挥更加重要的作用（图4-54）。

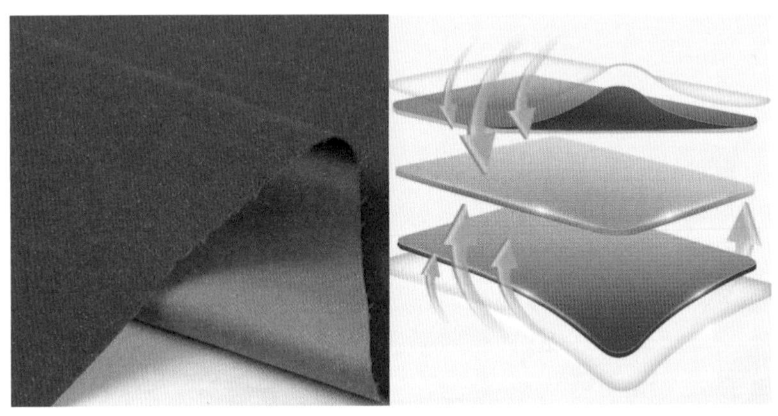

图4-54　复合织物

4. 编织物

编织物是指各种原料、各种粗细、各种组织构成的网罩、花边等，按不同的分类方式可以分为经编织物、纬编织物、缝编织物、线编织物、钩编织物等。编织物是箱包设计中常用的材料，具体来说，通过钩织和针织工艺的应用，可以制作出柔软而舒适的双肩包、精致而立体的印花包、个性十足的创意包等，这些箱包不仅外形美观，而且实用性强。编织工艺还可以应用于其他小配件的设计中，如箱包鞋品上的挂件装饰。在鞋品设计中，常用的防潮鞋罩就是一种轻便、防潮的编织物品，利用编织物可以制作独特的鞋面、鞋跟、鞋带、鞋底，但需要根据具体需求选择合适的编织方法和线材。编织物按原材料可大致分为竹编、藤编、草编、麻编、柳编、棕编、纱线几种。

（1）竹编。竹编是一种传统的手工艺品，主要原料是竹子，竹子具有良好的柔韧性和可塑性，可以进行各种复杂的编织。竹编的制作过程包括破竹、去节、分层、编织等步骤。破竹是将竹子劈成一定宽度的竹条；去节是将竹条上的竹节去掉；分层是将竹条分成多层，以便于编织；编织是竹编工艺的核心，通过不同的编织方法和技巧，可以制作出各种形状和纹理的器皿和工艺品。竹编产品具有浓郁的民族特色和地域特色，是中国传统文化的重要组成部分。现代的竹编工艺还在不断地发展和创新，融入了更多现代元素和设计理念，使得竹编工艺品更加时尚和个性。目前，竹编被运用在箱包鞋品等多领域中，成为一种时尚的生活方式（图 4-55）。

图 4-55　竹编包

（2）藤编。藤编是一种古老的手工技艺，以藤类植物为原料，藤编在世界各地都有分布，但在中国的南方地区尤为盛行。藤编作为非物质文化遗产，是现代生活用品中炙手可热的材料元素，具有极大的包容性和天然属性，能够与现代风、原木风等多种风格融合，彼此照亮，相得益彰。藤编制成的器物是匠人指尖的优雅艺术，更是一种清凉、雅致、古朴的气质体现。现代产品中，将藤编材质运用在箱包设计上也非常广泛，藤编产品自带异域风情，体现出草花树木的自然创意，将手工技艺与现代商业完美结合（图 4-56、图 4-57）。

图 4-56　藤编鞋

图 4-57　藤编包

（3）草编。草编是以草本植物为主要原材料的一种传统编结手工艺，主要原料是各种草类植物，如稻草、麦秆、玉米皮、蒲草等，这些草类植物不仅具有丰富的色彩和纹理，而且易于获取和处理，使得草编工艺得以广泛流传。草编通过就地取材和编织等工序制作出各种生活用品和装饰品，如提篮、果盒、杯套、盆垫、帽子、拖鞋和枕席（图 4-58、图 4-59）。

图 4-58　草编包

图 4-59　草编鞋

作为人类最古老的技艺之一，早在远古时代，编结就已成为人类祖先制造实用物品的重要手段。草编在中国民间流传了几千年，在此过程中得到了不断继承和发展，草编不仅具有丰富的文化底蕴和文化积淀，而且具有较高的审美愉悦和鉴赏功能。

（4）麻编。麻编的原料是苎麻等植物的茎皮纤维，这些纤维具有拉力强、柔软、耐磨损等特点，非常适合制作各种编织品。而且麻是一种可再生资源，生长周期短，对环境友好，使用麻编箱包可以减少对环境的负担，符合可持续发展的理念。另外，麻具有良好的透气性，麻编制成的箱包鞋品在夏季使用时更加舒适（图 4-60、图 4-61）。

图 4-60　麻编包

图 4-61　麻编凉鞋

（5）柳编。柳编的主要原料是柳树的枝条，起源于旧石器时代早期，那时的原始人已经开始采用具有韧性的植物制作成各种容器和包装物。传统的柳编技艺有经编、立编、拧编三种编织技法，柳编制品经历了从生产工具向现代工艺制品的转变，编织技术从传统的立编、经编技艺向多材料复合编制技艺的转变，产品花色从单一色彩向多种色彩转变的过程，柳编制成的箱包鞋品，也越来越受到世界各地人民的喜爱（图 4-62、图 4-63）。

图 4-62　柳编手提包

图 4-63　柳编凉鞋

（6）棕编。棕编到目前为止已有 1700 多年历史，被誉为“中国民间一绝”，是中国民间艺术的一枝奇葩。棕编以棕叶为原材料，经过穿插、折拉、编扣、打结等方法进行编织，古代的蓑衣、草鞋、蒲扇均由棕编而成。棕编选材较精，生产季节性强，以棕丝白嫩柔软、色彩明快、精美适用、不吸潮为最佳。棕叶主要用在春秋季生产提包，夏季生产鞋帽，其可制成的品种包括鞋、包、扇、帽、盒、垫、玩具等（图 4-64、图 4-65）。

图 4-64　棕编提包

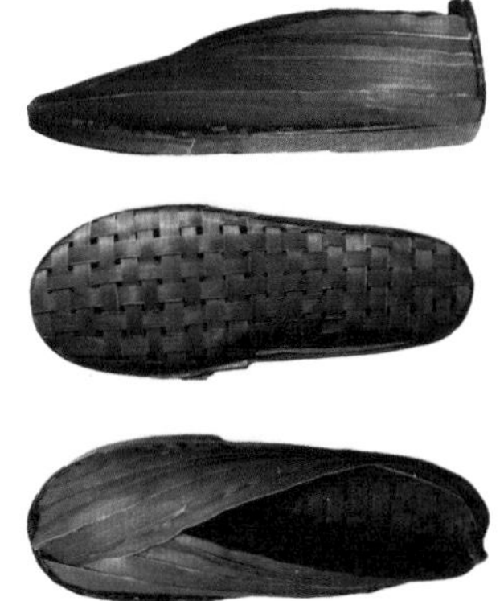
图 4-65　棕编鞋

（7）纱线编织物。针、钩织物是由纱线通过有规律的运动而形成的线圈，线圈和线圈之间互相串套起来而形成的织物。纱线编织物可以先织成坯布，再经裁剪、缝制成为各类针织品，也可以直接织成全成形或部分成形产品，如帽子、袜子、箱包、手套等。纱线编织物组织变化丰富，品种繁多，外观别具特色，在过去多被运用于内衣、T 恤等，而今随着针织业的发展以及新型整理工艺的诞生，使用纱线制成的针、钩编织物的服用性能大为改观，几乎适用于服饰的所有品类，包括箱包鞋品（图 4-66、图 4-67）。

图 4-66　纱线钩针编织包

图 4-67　纱线钩针编织鞋

（二）皮革类材料在箱包鞋品上的应用

皮革指经脱毛和鞣制等物理、化学加工所得到的已经变性不易腐烂的动物皮，常用于制作服装配饰。主要分为天然皮革、人造皮革、合成革、再生革等。在箱包领域，皮革的应用非常广泛，从手提包、背包、旅行箱到钱包、护照夹等，都能看到皮革的踪迹。在鞋品方面，皮革更是主要的制作材料之一，从休闲鞋、运动鞋、皮鞋到凉鞋等，皮革都发挥着重要的作用。

1. 天然皮革

天然皮革是由动物皮脱毛后，再经过鞣制等加工处理制成的皮革材料。天然皮革具有柔软性好、透气性佳、耐磨性优、强度高等优点，广泛应用在箱包、皮鞋及运动鞋制造上。天然皮革按其种类分主要有牛皮革、马皮革、羊皮革、猪皮革、驴皮革等，另有少量的鳄鱼皮革、爬行类动物皮革、两栖类动物皮革、鸵鸟皮革等。

天然皮革材料在箱包及鞋品上应用非常广泛。例如，牛皮革通常被用来制作高档箱包和皮鞋的面料或里料，以提高产品的品质感和舒适度；猪皮革常被用来制作休闲时尚类包袋或鞋品的里料或底面；羊皮革常被用来制作女士高档箱包和时尚鞋品的面料或里料；鳄鱼皮革和鸵鸟皮革等稀有珍贵的皮革材料常被用来制作奢侈箱包产品，或与普通皮革面料搭配，形成别具一格的装饰效果，以此提高普通皮革面料产品的艺术附加值。

（1）牛皮革。牛皮革是一种由牛皮制成的革，牛皮毛孔细小，分布均匀紧密，革面丰满，皮板比其他皮更加结实，手感坚实而有弹性，是制作包袋、鞋品的理想原料。特别是小牛皮制成的中高档箱包皮鞋，毛孔细腻光滑，皮质软而富有光泽度，穿着不易变形，成品质感好（图 4-68、图 4-69）。

（2）马皮革。马皮革通常具有较高的质量和档次，因为它具有独特的纹理和光泽，以及较好的透气性和舒适性，可以被用来制作各种皮革制品，如箱包、皮带、手套、鞋子等。马皮革的毛孔呈椭圆形斜伸入革内，形成波浪形的排列，其组织结构较为紧密，纤维皮质较细，在表面上平行排列较多。但马的不同部位制成的革其品质也不同，例如马臀皮又名科尔多瓦皮革，它被誉为“皮革中的钻石”，是顶级皮革中的一种。马科动物会用尾巴驱赶蚊虫以免受到叮咬，而马臀皮的原料即完全处在这种保护之中，因此皮面致密完整，几乎没有瑕疵（图 4-70、图 4-71）。

图 4-68　牛皮革挎包

图 4-69　牛皮板鞋

图 4-70　马皮靴

图 4-71　马皮手持包

（3）羊皮革。羊皮皮张较小，毛孔排列有规律，皮面较细，手感柔韧，主要有绵羊皮和山羊皮。绵羊皮革面料毛孔细小呈扁圆形，分布均匀，质地柔软，延展性大；山羊皮革皮粒面较为粗糙，因此平滑度、手感都不及绵羊皮革，但山羊皮革的强度优于绵羊皮革。需要注意的是，羊皮革制成的包袋鞋品在保养和使用时要注意防水、防潮、防晒、防磨损等问题，以保持其使用寿命和美观度（图 4-72、图 4-73）。

图 4-72　羊皮革包

图 4-73　羊皮革拖鞋

（4）猪皮革。猪皮革的透气透水性能好，革表面的毛孔圆而粗大，比牛皮革更大，较倾斜地伸入革内，呈现出三个毛孔一组的三角形排列。随着皮革工艺的发展，目前的猪光面可以加工成仿旧、压纹、水洗等不同效果，从价格方面来看，相对于其他动物皮革，猪皮革的价格更为实惠，适合制作一些中低价位的皮革制品（图4-74）。

图 4-74　猪皮革高跟鞋

（5）鳄鱼皮革。鳄鱼皮革堪称皮革中的黄金，以顶级、奢华、稀有著称。这不仅是因为鳄鱼数量极为稀少，更是由于鳄鱼生长的速度慢且养殖成本极高，而可使用的鳄鱼皮仅限于鳄鱼腹部的狭长部分。鳄鱼皮革美在它天然渐变的方格纹路，虽然缺乏弹性，但质地非常结实，因此鳄鱼皮包理所当然地成了众多消费者的宠儿。当然，在实用性方面鳄鱼皮革也非常具有优势，具有超长的耐磨寿命，其表面耐磨强度是牛皮革的好几倍。

鳄鱼皮分为凯门鳄鱼皮、咸水鳄鱼皮、短吻鄂鱼皮三类，其中凯门鳄鱼皮凹凸感强烈，皮革较硬，价格在鳄鱼皮中也最为低廉。由于鳄鱼皮革的价格昂贵，通常只被用于制作高档箱包、鞋品。但鳄鱼皮革弹性小，不像牛皮革可以根据脚型而变，鳄鱼皮革被用来制作成鞋靴时，如果不按脚型定制，则会影响穿着舒适度（图4-75、图4-76）。

图 4-75　鳄鱼皮革手工鞋

图 4-76　鳄鱼皮革手袋

（6）鱼皮革。鱼皮革可以分为鲨鱼皮、鳗鱼皮、鲈鱼皮、鳐鱼皮、鳕鱼皮、珍珠鱼皮等，从纹理和光泽上看，鲨鱼皮质地坚硬，耐用性好，纹理通常是纵向的，有时也会有横向的纹理，光泽较为柔和，不会过于刺眼。鳗鱼皮一般柔软细腻，呈现高贵典雅之感，鲈鱼皮和鳐鱼皮则质地柔软、细腻、有弹性。在现代社会，鱼皮革作为一个非常成熟的皮革种类，可以非常好地应用在各类设计产品当中，因此，鱼皮革也常用作名贵箱包鞋品的材料（图4-77）。

图 4-77　鱼皮革过膝靴

（7）蛇皮革。蛇皮革是非常名贵的皮革面料，也是非常高贵的包袋材料，蛇皮的最大特点是它表面有蛇的自然花纹，纹路清晰自然，非常特别。天然蛇皮被誉为“世界上最灿烂的珍稀皮革”，其珍贵不光在于天然的质感纹理，更在于其鳞片在视觉、触感上的独特，再通过皮革鞣制和精细的手工上色，是曾经受到国际大牌青睐的高定奢侈皮料。但蛇皮革材质较轻，富有弹性，保养起来也比一般皮质更加复杂（图 4-78、图 4-79）。

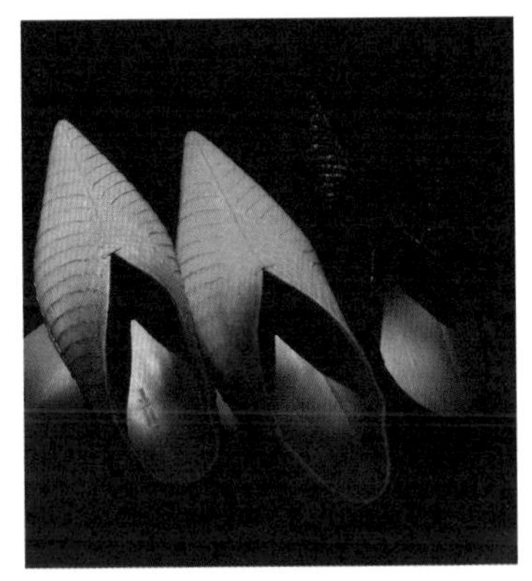
图 4-78 蛇皮革高跟鞋

图 4-79 蛇皮革挎包

（8）鹿皮革。鹿皮抗磨损、抗高温、耐水洗，凭借纤维细长、皮质亲肤柔软的特点，成为制作包袋、鞋垫的理想材料。鹿皮臀部厚实紧致，腹部松散轻薄，这类优质材料运用在鞋品上，不仅弹软舒适，更有保养脚部的辅助功能，也更符合当今社会环境下追求健康的理念。

（9）裘皮革。常见的裘皮革品种有羊裘皮、狐狸裘皮、兔毛裘皮、貂裘皮、黄狼皮、旱獭皮等。狐狸裘皮质地柔软、细腻，绒毛丰满、色泽艳丽，属于高档裘皮，被誉为“裘中之王”。羊裘皮包括山羊裘皮、绵羊裘皮、澳羊裘皮等，山羊裘皮毛质稀疏但不易掉，绵羊裘皮多呈弯曲状，光泽柔和，皮板厚薄均匀；兔裘皮在包袋中运用较多；貂裘皮则毛绒丰厚，轻柔结实，用其制作的服装及包袋雍容华贵，美丽异常。由于裘皮革带毛的特性，在设计时可以根据需求将产品染成所需的颜色，以便追求时尚和个性化。

（10）袋鼠皮革。袋鼠皮革纤维具有统一的方向，没有汗腺，这赋予了这种皮革与生俱来的优越物理特性，如拉力强度大、张力好和极好的延长性能。袋鼠的毛细软稀疏，因此袋鼠皮粒面平滑细腻，厚度均匀，且重量较轻，柔韧性和耐磨性较好，属于高档的箱包鞋品面料。总体而言，袋鼠皮革是一种高质量、高性能的皮革，适用于各种产品，特别是需要耐磨、防水和高质量的产品，如鞋子、包包等。

2. 人造皮革

人造皮革是一种模仿动物皮革，利用塑料材料仿造的，无论手感还是外观都与动物皮革非常相似，其外表近似于天然皮革，具有柔软、耐磨、防水、耐晒、耐油、不易燃等优点，但遇热会软化，遇冷会发硬，质地过于平滑，光泽度较亮，影响视觉效果。人造革主要有 PVC（聚氯乙烯）人造革、PU（聚氨酯）人造革等，主要用于服装、箱包、球类制品等制作，人造皮革的使用寿命大致为 1～2 年，其韧性、耐磨性等都不如天然皮革（图 4-80）。

图 4-80　人造皮革手提包

3. 合成革

合成革是模拟天然革的组成和结构并可作为其代用材料的塑料制品。合成革的生产工艺较人造皮革相对复杂，它是将聚氨酯浸涂在由合成纤维如涤纶、尼龙等做成的无纺底布上，经过纺织、涂层、压花、染色等系列工艺制成。合成革的正反面都与天然皮革十分相似，并且具有一定的透气性，不易虫蛀，不易发霉，不易变形，价格低廉，比普通人造皮革更接近天然皮革。但合成革的耐温和滑行性能较差，会散发有毒气体，影响环境质量（图 4-81、图 4-82）。

图 4-81　合成革钱包

图 4-82　合成革鞋品

4. 再生革

再生革是将皮革边角废料粉碎成皮纤维，然后与胶黏剂、树脂和其他助剂混合，再经过压制成型和表面涂饰等加工步骤制成。再生革的形状可以根据需求随心所欲进行制作，它不仅牢固，而且轻质、耐热又耐腐蚀。相较天然皮革，再生革的成本更低，主要用于制作皮鞋、箱包、家具等产品的辅助材料，也可以用于制作背提包、腰带等。

（三）新材料在箱包鞋品上的应用

随着科技的飞速发展和消费者对产品功能、外观和环保性能的需求的不断变化，箱包鞋品行业正面临着前所未有的创新压力。新材料的应用使得箱包鞋品在性能、外观和可持续性方面取得了显著提升，成为行业发展的重要趋势。例如，新型的合成皮革材料在保持柔软触感的同时，提高了耐磨、防水和抗皱性能，而功能性纤维和涂层材料的出现，使得箱包鞋品具备了抗菌、防紫外线、温度调节等多重功能。

然而，新材料的开发与应用也面临着诸多挑战。如何确保新材料的安全性和可靠性？如何降低新材料的生产成本？如何实现新材料的普及与推广？这些都是行业需要深入思考和解决的问题。总之，新材料在箱包鞋品上的应用前景广阔，既为行业的发展带来了新的机遇，也提出了前所未有的挑战。

1.TPU 膜

TPU（热塑性聚氨酯弹性体）是一种功能性薄膜，具有强度高、韧性好、耐寒、耐油、耐老化、耐气候、环保无毒、可分解等特点。它还具有透湿、抗菌、防风、防水、抗紫外线等优良功能，被广泛应用于各个领域。使用 TPU 膜制作的包袋通体透亮，还可以内搭布袋，自行组合包袋设计，成为许多年轻消费者追求的时髦单品（图 4-83）。

图 4-83　TPU 膜包袋

2.EVA 泡棉

EVA 泡棉是一种新型环保材料，是具有较强弹性的塑料泡沫材料，属于泡棉的一种产品，外观光滑。EVA 泡棉具有良好的缓冲、抗震、隔热、防潮、抗化学腐蚀等优点，且无毒、不吸水。鞋材是我国 EVA 泡棉最主要的应用领域，由于 EVA 树脂共混发泡制品具有柔软、弹性好、耐化学腐蚀等特性，因此被广泛应用于中高档登山鞋、拖鞋、旅游鞋的鞋底和内饰材料中（图 4-84）。

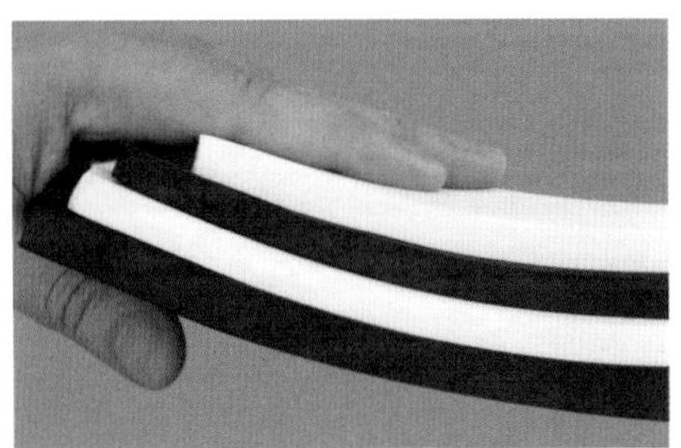

图 4-84　EVA 泡棉

3. 可降解塑料

可降解塑料是指在使用过程中能够被微生物分解的塑料材料，会在自然环境中迅速地降解，不会造成环境污染。可降解塑料主要分为淀粉改性塑料、光热降解塑料和生物降解塑料三类，可用于医疗行业、包装行业、日常用品、农业、汽车制造等领域。可降解塑料在环保方面的应用有利于减轻环境污染，但在使用可降解塑料的同时仍需注意加强垃圾分类和回收，避免随意丢弃，造成环境污染。

4. 记忆海绵

记忆海绵也称为慢回弹海绵、太空零压力、宇航棉、低反弹材料、粘弹海绵等，是一种具有慢回弹力学性能的聚醚型聚氨酯泡沫海绵。例如将手按在平整的记忆海绵上，记忆海绵会“记”住手印的形状，拿起手后手印会缓慢消失，这就是记忆海绵标志性的效果——慢回弹，其他材料很难模仿其回弹的速度之慢。记忆海绵具有温感减压的特性，天气越热记忆海绵越软，到了冬天，记忆海绵会随着温度下降变硬（图 4-85）。

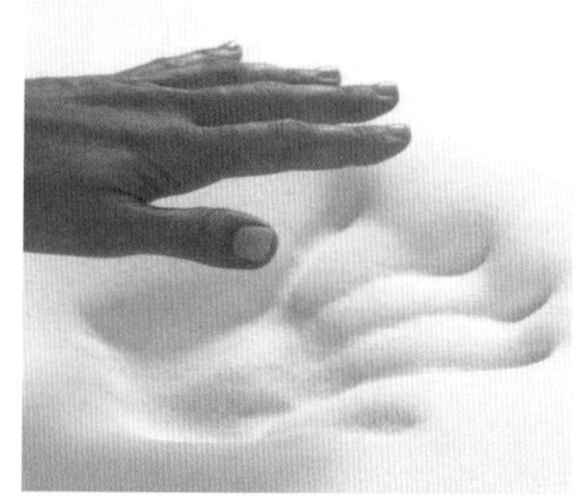
图 4-85　记忆海绵

记忆海绵主要用于制作沙发、床垫、枕头等家居用品，还可制成鞋垫，以增加鞋子的舒适度和保护鞋子内部。记忆海绵鞋垫能够根据脚底的形状和压力分布，提供个性化的支撑和缓冲，减少长时间行走或站立时的疲劳感。此外，记忆海绵鞋垫还具有吸震性能，能够减少运动对脚踝、膝盖和脊椎的冲击力。在箱包上，记忆海绵可以制成箱包的内衬或肩带，具有防碰撞、分散压力的功能。

5. 碳纤维复合材料

碳纤维复合材料是由碳纤维与树脂、金属、陶瓷等基体复合制成的结构材料，它具有良好的耐疲劳性能、良好的抗腐蚀性以及各向异性的力学性能等。碳纤维复合材料主要用于航空航天、汽车、体育器材、建筑等领域。

将碳纤维复合材料运用在箱包鞋品上，主要是利用其轻量化、高强度、抗腐蚀等特性。碳纤维复合材料可以用于制作箱包和鞋品的框架和结构，由于其轻量化的特性，可以减轻产品的质量，同时提高产品的便携性和舒适性。其次，碳纤维复合材料还可用于制作箱包的提手、拉链、扣具，以及鞋品的鞋带、鞋底，提高产品的耐用性和使用寿命（图 4-86）。

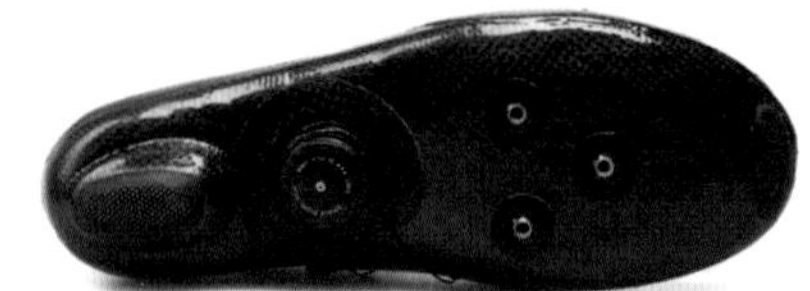
图 4-86　碳纤维复合鞋底

6. 竹纤维材料

竹纤维是从自然生长的竹子中提取出的纤维素纤维，竹纤维具有良好的透气性、瞬间吸水性、较强的耐磨性和良好的染色性，还具有天然除螨、防臭和抗紫外线功能。在箱包鞋品的制作上，选用竹纤维材料可以使得产品更加轻便和耐用，同时，竹纤维的抗菌性和吸湿性也可以提高产品的卫生性能。例如，使用竹纤维材料制作的鞋垫较为轻便卫生，使用竹纤维制作的箱包鞋品内衬具有很好的吸湿性和柔韧性。

7.3D 打印材料

3D 打印材料种类繁多，不同的材料具有不同的特性，同时也适用于不同的应用场景。在箱包鞋品领域，设计师可以通过 3D 打印技术将设计的箱包或鞋品模型制作成真实尺寸的样品，以验证设计的效果和功能，这种方法可以有效地缩短设计周期，提高设计效率，同时减少因设计不当而带来的成本损失。另外，消费者可以在定制软件中进行设计，然后通过 3D 打印技术制作出符合其个性化需求的箱包或鞋履产品。例如，在制鞋行业，3D 打印技术可用于制作鞋模，这些鞋模可以取代传统的木模进行翻砂铸造，做出的模具纹理及图案更加精细（图 4-87、图 4-88）。

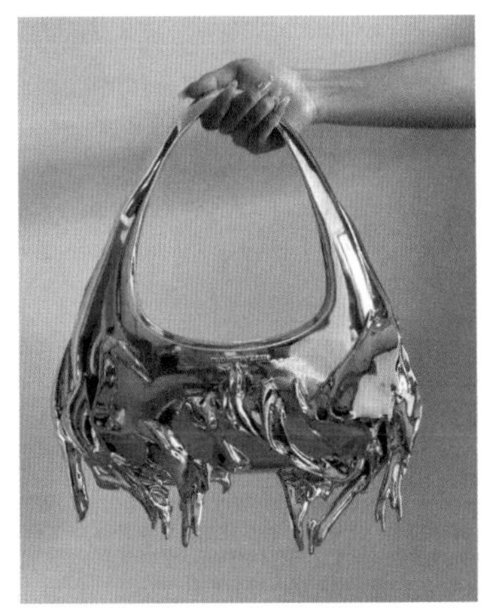

图 4-87　3D 打印材料提包

图 4-88　3D 打印材料鞋品

8. 智能材料

智能材料是指具有感知环境刺激，对之进行分析、处理、判断，并采取一定的措施进行适度响应的智能特征材料。智能材料将支撑未来高技术的发展，使传统意义下的功能材料和结构材料之间的界限逐渐消失，实现结构功能化、功能多样化。智能材料有七大功能，即传感功能、反馈功能、信息识别与积累功能、响应功能、自诊断能力、自修复能力和自适应能力。

利用智能材料的感知特性，箱包鞋品可以配备智能材料制成的传感器，实时监测环境因素，如温度和湿度，并根据这些因素调整箱包鞋品的设计和功能。其次，根据智能材料的自适应能力，当箱包内的湿度过高时，智能材料可以自动吸收多余的水分，调整材料的湿度和透气性，以保持箱包内的干燥。

二、辅料

在箱包鞋品制造过程中，辅料是不可或缺的组成部分。它虽然不像主料那样占据主导地位，但却是实现产品功能、外观和品质的关键因素。以下主要从箱包鞋品的功能性辅料和装饰性辅料两个方面进行阐述，以追求辅料的多样性和创新性。

（一）功能性辅料

1. 里料

箱包里料一般是比较光滑柔软的纺织材料，覆盖在包袋内部，使得包袋内部整体平滑，同时也能起到保护包袋内物品的作用。当然，部分奢侈品箱包也会选择柔软细腻的天然皮革作为里料。涤纶面料强度高，弹性好，与羊毛有些相似，且自身耐热性强，不吸湿，通常被用来制作休闲运动的背包、学生背包、化妆包等。尼龙又叫锦纶，尼龙面料密度比较大，因而使用尼龙制作的包面十分轻盈有弹性、耐磨、易清洗，具有优秀的防水功能，优胜的防震性能也让其成为电脑包的宠儿。

鞋品的里料通常用到猪皮、牛皮、人造革、戈尔特斯（Gore-Tex）、新保适（Sympa-Tex）等材料。猪皮内里透气性好，耐磨，皮面较粗糙，但光滑度不及牛皮内里。牛皮内里具有较高的强度和弹性恢复能力，耐磨、耐压。人造革内里物理性能好，耐曲折，柔软度好，抗拉强度大，具有透气性，此外，PU 内里还具有较高的透气率，透温率可以达到 8000 ~ 14000g/（24h · cm^2），是鞋品面层和底层的理想材料。

2. 五金配件

箱包的金属配件包括拉链、拉杆、拉头、纽扣、吸扣、搭扣、皮带扣、链条、锁类、磁钮等，这些金属配件在箱包中起到重要的功能和装饰作用。拉链用于箱包开口处，可以方便地拉开和闭合，有非常多的款式及颜色，常用于包袋的拉链材料有聚酯和金属拉链两大类。聚酯拉链的优点是牢度强、重量轻、可染色，缺点是抗热性差。金属拉链的优点是美观性好、质感好、耐用性高、抗腐蚀，缺点是较重、柔软性不好。

扣具用于连接箱包背带和箱包主体，扣件用于连接箱包的两个部分。常规的箱包配件材质有（铝）合金、纯铜、纯铁、木头、塑料、钢材等，并结合电镀仿金银、拉丝、喷涂色彩等工艺进行。一般辅料材质的选择和使用会根据不同的箱包款式和用途而决定，而以铁、铜、合金为主的金属材质配件，经过现代工业社会流行的镀金、镂空等技术的加工，因可以匹配箱包的整体档次感而被普遍使用（图 4-89 ~ 图 4-91）。

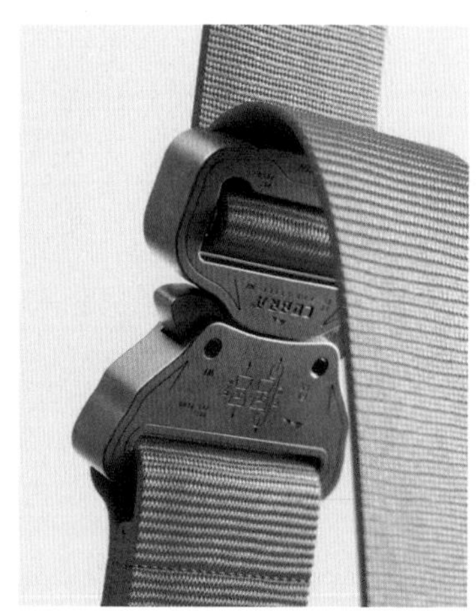

图 4-89　箱包扣具

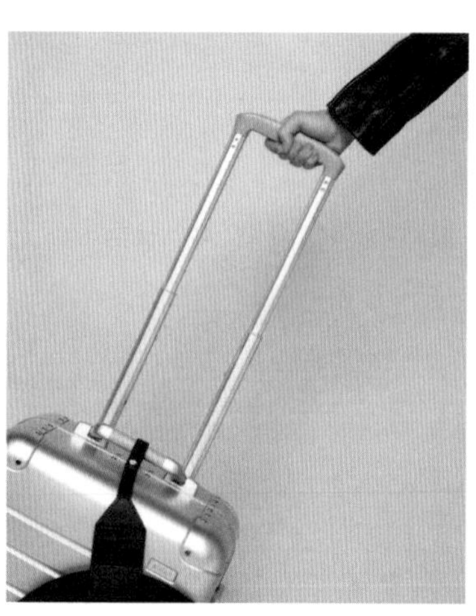

图 4-90　箱包拉杆

图 4-91　箱包拉链

3. 背带、提把

图 4-92　箱包背带

图 4-93　箱包提把

箱包的背带和提把是箱包的重要部件，它们的作用主要是方便用户携带和移动箱包。背带通常用于将箱包固定在用户的肩膀或后背上，使得用户可以轻松地提起箱包并携带它行走。提把则通常用于直接手提箱包，特别是在需要快速移动或搬运箱包时，用户可以直接握住提把提起箱包。箱包的背带和提把通常采用金属、塑料或织物等材质。具体来说，金属材质包括铝合金、不锈钢等，具有坚固耐用、承重能力强等优点；塑料材质包括 ABS（丙烯腈-丁二烯-苯乙烯塑料）、PC（聚碳酸酯塑料）等，轻便且易于加工；织物材质包括尼龙、棉等，柔软舒适、透气性好。在选择箱包的背带和提把时，可以根据箱包材质和用户需求进行选择。例如，如需承受较大的重量或需要经常提着箱包，可以选择金属或塑料材质的背带和提把；如果需要柔软舒适的触感和更好的透气性，可以选择织物材质的背带和提把（图 4-92、图 4-93）。

4. 走轮

箱包走轮可以使得箱包在地面顺畅地移动，方便用户携带和搬运箱包，箱包走轮通常需要较大的承载能力，可以承受箱包内物品的重量，使得箱包更加稳定和可靠。走轮材质还需要适应不同的地面类型，如平滑的地面、短草地、沙地、雪地等，使得用户可以在不同的环境下使用箱包。箱包走轮的材质主要包括塑料和橡胶等。塑料走轮比较常见，价格较低，但耐磨性较差；橡胶走轮具有较好的耐磨性和弹性，能够更好地适应不同的地面类型，但价格较高。另外，走轮的轴承也有金属和塑料之分，金属轴承更为结实，但容易生锈，塑料轴承则更为轻便，不易生锈（图 4-94）。

图 4-94　箱包走轮

5. 鞋带

在材料方面，鞋带通常由天然纤维和合成纤维制成，其长度、宽度、厚度和材料各不相同，可以根据鞋子的风格和用途进行设计。天然纤维鞋带通常由棉、麻、皮革或丝绸制成，这些材料有着良好的透气性和舒适度；合成纤维鞋带通常由尼龙或聚酯等材料制成，这些材料坚固耐用且易于清洁。除了材料的选择外，鞋带的设计也是关键，一些鞋子的鞋带会采用特殊的织法，以保证鞋带在剧烈运动中不会松脱。一些高档鞋子的鞋带甚至可能采用皮革制作，以便与鞋子本身的材料相匹配（图 4–95）。

图 4–95　鞋带设计

6. 鞋垫

鞋垫的主要作用包括提高舒适度、改善脚型、保护脚部、增强稳定性等，鞋垫的材质包括棉、亚麻、竹炭、毛毡、EVA、乳胶、硅胶、Ortholite（欧索莱）和 PU 等。不同的材质有着不同的特性，如 EVA 和 PU 材质的鞋垫具有较高的弹性和支撑力，适合用于运动鞋；乳胶和硅胶材质的鞋垫具有较好的抗菌性能，适合用于皮鞋或布鞋。选择鞋垫材质，需要按照鞋品所针对的用户需求来决定。对于需要长时间站立或行走的人群，可以选择厚一些的鞋垫以增加脚部的舒适度、减轻疲劳；而对于脚部存在特定问题，如扁平足或高弓足等的人群，可以选择专门针对这些问题的鞋垫（图 4–96）。

图 4–96　功能性鞋垫

（二）装饰性辅料

装饰性辅料是在箱包上起装饰美化作用的辅料，这类辅料不用承担具体的功能性作用，而是体现装饰审美的效果。箱包鞋品的装饰性辅料包括缝纫线、织带、珠片、花边、水钻、铆钉等。缝纫线除了连接、缝合包袋各部分外，还具有重要的装饰作用，例如在风格粗犷的包袋鞋品上，常能看到较粗的缝纫线进行大针距的缝合，线迹十分明显，形成了独特的风格标识。织带用于箱包或鞋子的肩带、背带等部位，可以增加舒适度和美观度。珍珠、珠片、水钻、铆钉等用于装饰鞋面和箱包，以增加闪亮感和时尚感（图 4-97 ~ 图 4-100）。

图 4-97　包袋缝纫线装饰

图 4-98　包袋珠片装饰

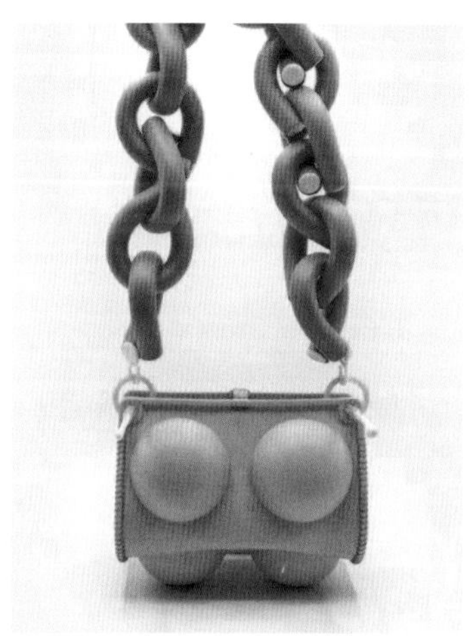

图 4-99　包袋链条装饰

图 4-100　包袋花瓣装饰

第五章
箱包鞋品生产经营管理

在如今竞争激烈的箱包鞋品市场中，生产经营管理显得尤为重要。它不仅关乎企业的经济效益，更影响着企业的市场竞争力。箱包鞋品生产经营管理涉及从原材料采购、生产制造、质量控制、物流配送到销售服务的全过程。这一过程中的每一个环节都相互关联、相互影响，共同决定了产品的最终品质和市场表现。因此，如何实现高效、有序的生产经营管理，确保产品质量、降低成本并满足市场需求，是箱包鞋品企业所面临的核心问题。

随着数字化智能时代的发展，箱包鞋品生产经营管理的理念和方式也需要不断变革。企业需要紧跟时代步伐，运用先进的管理理念和技术手段，提升生产经营的效率和质量。本章主要从箱包鞋品的营销策略、研发流程、生产管理三个方面进行归纳总结，通过帮助箱包鞋品营销者与实践者树立现代市场企划概念，解释案例规律，以此为箱包鞋品的企业营销实践提供指导。

第一节　箱包鞋品营销策略

箱包鞋品营销策略的制定需要考虑多个方面，包括目标市场的定位、消费者需求的洞察、竞争格局的分析、产品价格的设定、分销渠道的选择以及促销活动的策划等。这些因素相互关联、相互影响，共同构成了营销策略的核心内容。

首先，明确目标市场和定位是营销策略的基础。企业需要深入了解目标消费者的需求、偏好和购买行为，以便为目标市场提供有针对性的产品和服务。其次，产品策略及定价是营销策略的重要环节。企业需要根据产品成本、市场需求、竞争状况以及品牌定位等因素，制定合理的价格策略。分销渠道的选择和促销活动的规划能够让产品覆盖更广泛的目标市场，为企业实现市场成功提供保障。

一、箱包鞋品的市场定位

市场定位是根据目标市场的需求和竞争状况，确定产品的特色和优势的过程。对于箱包鞋品而言，市场定位需要综合考虑消费者需求、产品功能、品牌形象等多个方面。不同年龄、性别、职业和消费水平的消费者，对箱包鞋品的需求和偏好各不相同。因此，企业需要根据目标市场的特点，深入研究消费者的需求和心理预期，从而制定有针对性的市场定位策略。

（一）箱包鞋品市场定位的作用及意义

箱包鞋品的市场定位对于企业的成功经营至关重要，STP 营销策略指企业针对目标市场所实施的营销策略，它包括市场细分（Segmenting）、目标市场（Targeting）、产品定位（Positioning）三个步骤（图 5-1），是营销策略的核心和出发点。市场细分即企业根据不同需求、购买力等因素把市场分为由相似需求构成的消费群即若干子市场。目标市场选择即企业从子市场中选取有一定规模和发展前景，并且符合公司目标和能力的细分市场作为公司的目标市场。市场定位指的是企业将产品定位在目标消费者所偏好的位置上，并通过一系列营销活动向目标消费者传达这一定位信息，让他们注意到品牌，并感知到这就是他们所需要的。

STP 营销策略的目的是帮助企业更好地了解目标市场，并制定相应的营销策略以满足这些市场的需求。通过市场细分，企业可以更好地了解不同市场的特征和需求，从而选择最适合的目标市场。在选择目标市场后，企业可以根据这些市场的需求和偏好进行产品定位和市场定位，以吸引目标消费者的注意并提高销售业绩。

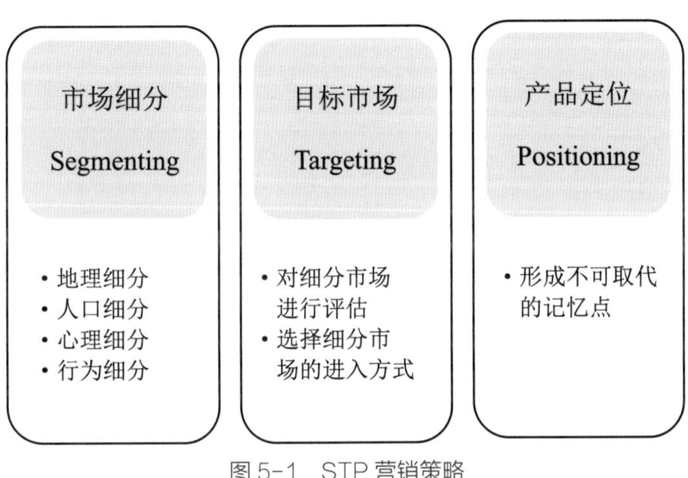

图 5-1　STP 营销策略

因此，箱包鞋品市场定位的作用及意义如下。

1. 确定目标客户群体

通过市场定位，箱包鞋品企业能够明确自己的目标客户群体，了解他们的需求和偏好，从而针对消费者需求生产相应的产品。例如，针对年轻人群体，可以更注重时尚性和潮流感；针对中年人群体，可以更注重舒适性和耐用性。通过深入了解目标客户的需求，箱包鞋品企业可以更好地满足他们的期望，提供符合消费者喜好的产品。表 5-1、表 5-2 对部分箱包及鞋类品牌的目标客户群体进行了整理归纳。

表 5-1　箱包品牌目标客户群体对应

品牌	目标客户群体
爱马仕	26～40岁的企业老板，收入稳定的金领以及富豪等
迪奥	25岁以上具有一定社会地位，追求高品质生活群体

续表

品牌	目标客户群体
圣罗兰	30岁以上经济独立的女性
迪桑娜	事业女性
戈雅	中高端消费群体
途明	热衷冒险的旅行者和经常出差的商务人士
山下有松	25～35岁的喜爱轻奢的女性消费群体

表 5-2 鞋类品牌目标客户群体对应

品牌	目标客户群体
耐克	运动员及运动爱好者
华伦天奴	高端消费者，包括社会名流、明星和富豪等
达芙妮	20～45岁的女性
泰兰尼斯	为0～16岁儿童提供各场景可搭配的童鞋
金利来	上班族中的白领阶层
百丽	20～40岁的中高收入女性消费群体
奥康	主要为男士消费群体提供舒适皮鞋

2. 确定差异化竞争策略

在箱包及鞋品市场中，与竞争对手的差异化竞争策略是取得优势的关键。差异化竞争是指企业通过在产品、服务、品牌、营销等方面不断提高自身的独特性和竞争优势，从而在市场上获得更多的消费者和更高的利润。其重点是要创造独特的价值主张，使产品或服务在市场上与竞争对手不同，并凸显自己的优势。例如，可以选择特定的箱包或鞋品品牌风格，强化品牌形象和产品特点，使其易于识别和记忆，以满足特定目标客户的需求；或者通过提供更好的售后服务、更具竞争力的价格或更广泛的产品选择等方面与竞争对手区别开来。该竞争策略适用于箱包及鞋品市场中存在明显的特定需求或购买决策受品牌和差异化影响的情况。

3. 提升品牌形象

对于高端定位的箱包鞋品品牌，将产品定位于高消费群体，同时注重产品的品质、个性设计，可以提升品牌形象和产品的独特性，并吸引更多的高端消费者，提高企业的市场占有率和盈利能力。

例如国产品牌拉菲斯汀（LA FESTIN）创立于 2011 年，致力于为新时代具有独立思想的女性打造兼具功能、美感及趣味性的包袋。品牌定位于 18～40 岁女性，专注于时尚原创包袋设计，注重专业性价比，深究色彩、品质、工艺与创意，诠释了独特的美学格调，树立了不错的品牌形象（图 5-2）。

图 5-2 LA FESTIN 包袋宣传大片

4. 精准营销

精准营销就是通过可量化的精确的市场定位技术，突破传统营销定位只能定性的局限。通过市场定位技术，箱包鞋品企业可以更加精准地了解目标客户的需求和喜好，从而制定更加精准的营销策略。可根据不同年龄段的目标客户制定不同的营销方案，或者根据不同地区的市场需求进行差异化营销。企业可以充分利用各种新式媒体，将营销信息推送到比较准确的受众群体中，从而既节省营销成本，又能起到最大化的营销效果。

5. 优化产品设计

市场定位可以帮助箱包鞋品企业更好地了解目标客户的需求和偏好，从而优化产品设计。通过对目标客户的调研和分析，企业可以更加准确地把握客户对产品的要求和期望，并以此为基础进行产品设计和改进，以便提高产品的质量和竞争优势。

（二）箱包鞋品目标市场的选择

确定目标市场的基础是市场细分，根据企业的特长和拥有的资源，结合营销目标，规划企业经营的品种、产品市场计划及范围。根据 STP 市场定位分析，选择目标市场可考虑表 5-3 中的三种策略。

表 5-3 选择目标市场的策略

策略	含义
无差别性策略	只考虑共性，运用一种产品、一种价格、一种推销方法，吸引更多的消费者
差别性策略	针对不同的子市场，设计不同的产品，制定不同的营销策略，满足不同的消费需求

续表

策略	含义
集中性策略	在细分后的市场上，选择两个或少数几个部分市场作为目标市场，实行专业化生产和销售

箱包鞋品企业在选择目标市场策略时需要考虑产品的性质、产品所处的生命周期阶段、市场的特点、企业的资源、竞争对手的营销策略等。

产品的性质在很大程度上决定着企业的营销策略选择，同质性产品比较适合于采用无差异性营销策略，对于箱包鞋品类有着不同设计的产品，更适合采取差异性营销策略或集中性营销策略。

选择目标市场策略时考虑产品所处的生命周期阶段指的是，当企业把一种新产品投入市场时，比较有效的做法是强调产品的某一特点，这就是无差异性营销策略或集中性营销策略。

选择目标市场策略时考虑市场的特点，当购买者有相同的消费偏好和对营销刺激都产生同样的反应时，可采取无差异性营销策略。相反，购买者有不同的消费偏好和对营销刺激产生不同的反应时，就要采用差异性营销策略和集中性营销策略。

另外，在选择目标市场策略时，还需要考虑企业的资源，当企业资源不足时，采取集中性营销策略最为有效。

箱包鞋品企业在选择目标市场时，还需遵循以下原则。

（1）可进入性原则。企业所选择的目标市场应该是企业有能力进入并开展业务的市场。这需要考虑企业自身的实力和能力，包括生产能力、销售渠道、品牌影响力等。

（2）可盈利性原则。企业所选择的目标市场应该是有足够的盈利潜力的市场，才能为企业带来长期的经济效益。

（3）可持续性原则。企业所选择的目标市场应该是具有可持续发展的市场，能为企业带来长期的业务机会和发展空间。

（4）竞争性原则。企业所选择的目标市场应该是有足够竞争机会的市场，为企业带来更多的商业机会和竞争优势。

总而言之，服饰企业设立目标市场是一项战略性工作，在确定目标市场时需要考虑到多方面因素，而目标市场一旦确定，则需要长期投入，以树立与目标市场相一致的形象和名誉，并且一般不宜多变，以免造成目标市场的困惑而前功尽弃。

二、箱包鞋类产品策略

在企业营销过程中，明确市场定位后，就要根据目标市场的需要和各种相关的环境因素，制定产品组合策略。一个科学、合理且具有前瞻性的产品策略，能为企业指明发展方向，还能确保产品在市场中的竞争力。本部分主要介绍箱包鞋品的产品内涵及产品规划。

（一）箱包鞋类产品内涵

箱包鞋品最基本的功能是装载和保护物品，如行李箱、背包等可以保护和方便携带衣物、个人物品，鞋品则可以保护脚部，提供舒适的支撑。箱包鞋品同时也是一种时尚配饰，可以展现个人的品位和风格，不同的箱包鞋品款式和品牌可以表达不同的时尚趋势。其次，箱包鞋品也可以体现个人特点和个性，反映个人的兴趣爱好和性格特点。另外，箱包鞋品也具有文化意义，可以反映一个地区或民族的文化传统和特色。

随着中国箱包鞋类制品行业的发展升级，国内箱包鞋品的产业规模越来越大，进入了产品更新换代和品牌提升的阶段。箱包鞋品以及其他配饰都是与人身体最为密切的、不可缺少的产品，也为人们的生活带来了全方位的体验。在现代科技的影响下，箱包鞋品也融入了更多含量的高科技。因此，对于目前的箱包鞋类产品，不光要有传统的手工技艺和特质，还要具备现代科技的魅力和形式。

（二）箱包鞋类产品规划

箱包鞋品的产品规划即根据定位和产品风格，设计出合理的商品结构组合方案，包括款式设计、色彩搭配等，并形成文字材料提交给企划部经理审批后实施执行。产品规划主要分为市场调研、产品设计、落地实施三个步骤。

箱包鞋品组合由产品线和产品项目组成。产品线是指一群相关的产品，这类产品可能功能相似，销售给同一顾客群，经过相同的销售途径，或者在同一价格范围内。产品项目是指某一个产品大类内由价格、功能及其他相关属性来区别的具体产品。而产品组合的状况直接关系到企业的销售额和利润水平，在进行产品规划时，企业必须使产品组合的广度、深度及关联性处于最佳结构，才能提高企业竞争能力，取得最好的经济效益。

1. 市场调研

产品市场调研是一个重要的步骤，可以帮助企业了解市场需求、竞争态势、消费者行为等信息，从而为产品开发、定位、推广等提供决策依据。箱包鞋品的产品市场调研主要有以下几种方法。

（1）问卷调查。通过设计问卷，针对目标用户进行大规模的在线或纸质调查，收集用户对产品的需求、使用习惯、满意度等方面的信息。

（2）竞品分析。深入研究竞争对手的产品，包括产品定位、功能、价格、市场份额等信息，以便找出自己的优劣势和市场机会。

（3）数据分析。利用大数据技术对市场数据进行挖掘和分析，了解市场趋势、消费者行为等信息。

（4）专家咨询。与行业专家、顾问等进行交流，获取他们对市场的看法和建议，更好地把握市场趋势和机会。

（5）现场观察。深入目标用户的工作和生活场所，观察他们的使用场景和习惯，理解用户需求和痛点。

（6）实验测试。通过实际操作测试用户对产品的反应和反馈，及时发现产品的优缺点和改进方向。

（7）焦点小组。组织一组目标用户进行深入讨论，了解他们的需求、痛点和对产品的期望，以及他们对市场上同类产品的看法。

2. 产品设计

产品设计是指根据市场需求和消费者需求，综合考虑产品功能、外观、生产工艺等方面的因素，设计出满足消费者需求的产品方案的过程。这个过程涉及市场调研、设计、生产、销售等多个环节，是一个综合性的创造过程。

产品设计的主要目的是满足人们的生活和工作需求，提高人们的生活质量和工作效率。设计师在设计过程中要综合考虑人机交互、用户体验、材料、工艺、成本、品牌形象等多个因素，了解市场趋势和消费者需求的变化，不断优化和改进产品设计，才能设计出具有创新性、实用性、美观性和可持续性的产品。箱包鞋品在设计过程中主要包含主题企划、色彩企划、款式企划、面料企划等（图 5-3～图 5-6）。

灵感来源于不规则的建筑，随着时代经济的发展，各类具有设计感的创新建筑正在不断涌现，为大众提供了美好的视觉盛宴，丰富了大家的生活。许多建筑中采用了解构主义设计风格，其中不规则的建筑，造型的雕塑感为箱包的设计也提供了借鉴和参考。

图 5-3　箱包主题企划

图 5-4　箱包色彩企划

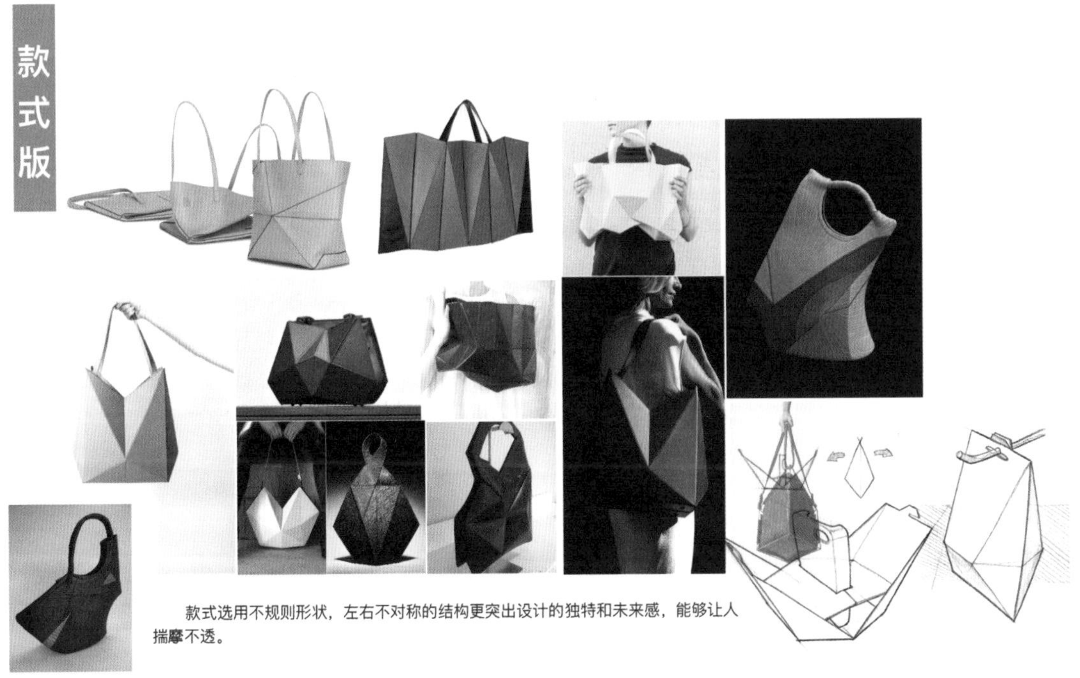

图 5-5　箱包款式企划

面料版

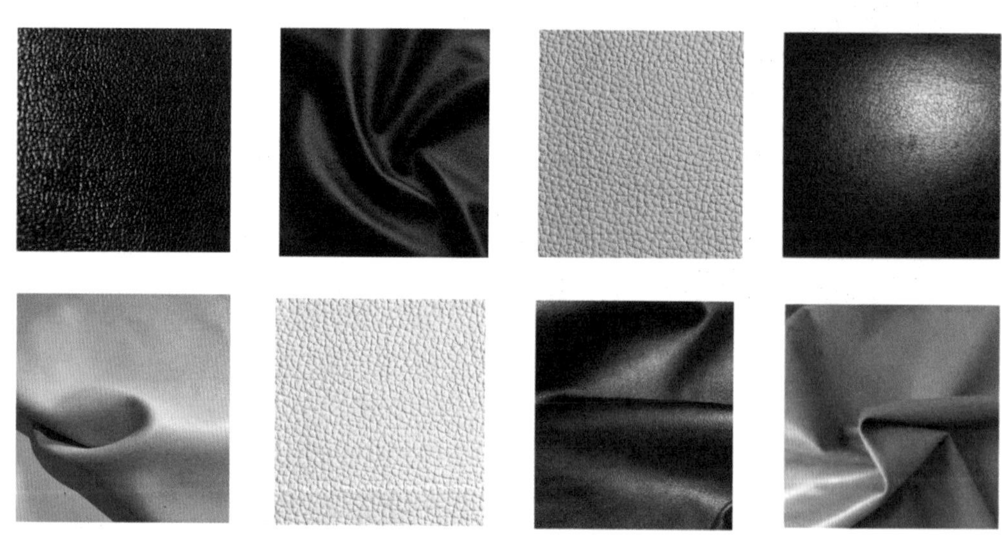

面料选用黑白灰色系皮革，体现庄重，低调，奢华的风格，皮革更表现出了坚硬的魅力，时尚感十足。

图 5-6　箱包面料企划

3. 落地实施

产品落地实施是确保产品设计理念转化为实际产品的关键步骤。箱包鞋品在落地实施过程中需要确保生产能力、优化供应链管理、制定销售策略、强化品牌营销、持续创新、用户体验优化等。在实施产品落地过程中，建议根据实际情况调整并优化各项措施，以便更有效地推动产品的成功落地和市场竞争力的提升。

三、箱包鞋品的价格策略

在营销组合中，价格是最灵活的，变化也非常迅速。合理的定价不仅能确保产品的盈利空间，还能激发消费者的购买欲望，提高市场占有率。因此，箱包鞋品的价格是营销组合的重要因素之一。本部分主要介绍影响箱包鞋品价格的因素、箱包鞋品的定价策略、箱包鞋品价格管理和调控三个方面。

（一）影响箱包鞋品价格的因素

箱包鞋品的价值构成因素较为复杂，除了经济价值外，同时还具有声誉、艺术等价值。另外，信息含量与时效也是产品的重要特征。

影响箱包鞋品价格的因素可以从供给、需求、商品流通方式三个方面进行分析。

1. 供给方面

（1）生产成本。生产成本包括人工成本、运输成本、包装成本等，这些都会反映在产品的价格上。当其他因素一定时，生产成本与商品价格呈现正相关的关系。箱包鞋品的生产成本包括原材料成本、生产过程中的直接和间接成本等。如果箱包鞋品的生产成本上升，企业为了保持盈利或者弥补成本，可能会提高产品的销售价格；反之，如果生产成本下降，企业则可能降低商品的销售价格以吸引更多的消费者。

（2）生产能力。当箱包鞋品企业的生产能力有限时，无法满足市场的需求，企业可能通过提高价格来弥补供不应求的情况；反之，如果企业的生产能力过剩，那么企业可能会通过降低价格来刺激消费，以消化库存。

（3）供给量。供给量也是影响箱包鞋品价格的因素之一，当箱包鞋品的供给量增加时，如果需求量也相应增加，但需求量的增加程度小于供给量的增加程度，那么商品价格可能会下降；反之，当供给量减少时，如果需求量也相应减少，但需求量的减少程度小于供给量的减少程度，那么箱包鞋品的价格可能会上升。

2. 需求方面

（1）购买力。一般而言，高收入者更倾向于购买高价的商品，而低收入者更倾向于购买平价商品，但有着比高收入者更为强烈的潜在购买欲望。因此，消费者的购买力也会影响箱包鞋品的价格，购买力强的消费者可能会更愿意支付高价购买高品质的商品，而购买力弱的消费者可能会更注重价格因素，从而影响箱包鞋品的价格。

（2）替代品和互补品。替代品和互补品的价格也会影响箱包鞋品的价格。例如当替代品的价格较低时，消费者可能会选择购买替代品而不是该种类的商品，从而影响该产品的需求量和价格。

（3）市场需求量。箱包鞋品市场的需求量直接影响到产品的销售量和价格。如果市场需求量大，企业的销售量就会相应增加，从而降低生产成本，价格可能会相应降低，反之价格相应提高。

（4）季节和时尚趋势。箱包鞋品作为一种更迭迅速的产品，会随着季节和时尚趋势的变化而变化，因此季节和时尚趋势也会影响其需求和价格。例如，在节假日或特定季节，消费者对某种类型或款式的箱包鞋品的需求可能会增加，从而使其价格上涨。

（5）消费者偏好。消费者的偏好也是影响箱包鞋品价格的重要因素。如果消费者更喜欢某种类型或款式的箱包鞋品，那么对应的产品价格就可能会更高，而不受欢迎的产品则价格会适当降低。

3. 商品流通方式方面

（1）渠道结构。不同的渠道结构会带来不同的成本和费用，例如经销商的佣金、运输费用、仓储费用等，这些都会影响产品最终的销售价格。一般来说，渠道结构越复杂，成本越高，价格也相应越高。

（2）采购方式。采购方式也会影响商品的价格，企业可直接从生产商采购，也可通过中间商采购。直接从生产商采购可以降低中间环节的成本，从而降低最终的销售价格；而通过中间商采购则会增加成本和费用，价格相对较高。

（3）销售方式。品牌选择不同的销售方式会产生不同的成本，从而影响箱包鞋品的价格。常用的销售方式包括传统的实体店销售及线上销售。实体店销售方式需要考虑租金、人工等成本，价格相对较高；而线上销售则可以降低这些成本，价格相对较低。

（二）箱包鞋品定价策略

箱包鞋品的定价策略主要可以从成本导向定价、竞争导向定价、需求导向定价、心理定价、促销定价、地区定价、组合定价等方面进行考量（表 5-4）。

表 5-4　定价策略

策略	含义
成本导向定价策略	以产品成本为主要依据的定价方法，包括成本加成定价法和目标利润定价法
竞争导向定价策略	以市场上相互竞争的同类商品价格为定价基础依据，参考成本和供求状况来确定商品价格，包括随行就市定价法、竞争价格定价法和密封投标定价法
需求导向定价策略	以市场上消费者的需求强度和价值感受为基础的定价方法，包括认知价值定价和需求差别定价法
心理定价策略	以市场上消费者的心理，有意识地将产品的价格定高或定低
促销定价策略	在商品原价基础上进行打折来促进销售
地区定价策略	指企业根据产品销往不同的地区而制定不同的价格
组合定价策略	指商家将多种商品组合在一起定价，通过降低部分商品的售价来吸引消费者

1. 成本导向定价策略

成本导向定价策略以商品的成本为基础，加上预期的利润来确定商品的价格。它考虑的是商品的成本和利润，忽视了市场需求和竞争状况，是一种较为简单但不够精准的定价策略。

2. 竞争导向定价策略

竞争导向定价策略以竞争对手的价格为基础，根据自身产品的特点和市场需求来制定价格。当竞争对手的价格较低时，企业也会相应地降低价格，而当竞争对手的价格较高时，企业也会提高价格以获得更高的利润。

3. 需求导向定价策略

需求导向定价策略是以消费者的需求和心理为基础，根据市场需求和消费者心理来制定价格。当消费者对某种商品的需求较高时，企业也会提高该产品的价格。需求导向定价策略的关键在于企业要对产品能否得到消费者认知的价值有一个正确的评估和判断。

4. 心理定价策略

心理定价策略指商家利用消费者购买决策时追求“廉价”和“高尚”的心理，可以把同一商品在不同的时间、地点以不同的价格出售，也可以对不同的人群制定不同的价格。

心理定价的主要形式表现在以下几个方面。

（1）尾数定价。尾数定价指的是给产品设定一个零头数结尾的非整数价格，例如 98、199、4998 等。使消费者产生一种“价廉”的错觉，比定位整数反应更积极，从而促进销售。

首先，尾数定价往往能让消费者认为商品价格低、便宜，让人更容易接受。其次，带有尾数的价格会让消费者认为企业定价十分认真、精确、严谨，进而使得消费者对企业产品产生信任。最后，由于文化传统、社会风俗和价值观念的影响，某些特殊数字常常被赋予特殊的含义，例如“8”被认为有“发”、有吉祥如意的意味，因此常被企业采用；而“4”被大多数人认为是不吉利的，企业在选择尾数定价时可适当避免此类数字，以免引起消费者对企业产品的反感。

表 5-5 选取了某知名平价箱包品牌，对其店内定价商品进行了相关统计与分析。

表 5-5　某箱包品牌部分价格占比情况

价格/元	商品数量/件	价格/元	商品数量/件
99	16	209	9
149	20	229	4
169	21	299	3
199	67	349	2
200	1	500	1

（2）整数定价。整数定价指采用合零凑数的方法，制定整数价格，以显示商品的身份。整数定价常适用于高档箱包及鞋品。

（3）声望定价。声望定价指针对消费者“价高质量必优”的心理，对在消费者心目中有信誉的产品制定较高的价格。高价格与性能优良、独具特色的品牌产品比较协调，更能显示产品特色，使消费者感到购买这类产品可以提高自己的声望。

（4）招徕定价。招徕定价指把产品的价格定得很低，甚至低于成本，以此吸引顾客。这种策略虽然会引来较多的购买者，但并不能获得很多的利润。因此，它只适用于一些购买频率高、价格敏感、暂时性的商品，例如一次性手提袋等。

5. 促销定价策略

促销（折扣）定价策略指在商品原价基础上进行打折或其他优惠活动来吸引消费者，促进销售。例如，季节性折扣、促销折扣、会员折扣等（图 5-7、图 5-8）。

图 5-7　箱包促销

图 5-8　鞋品促销

6. 地区定价策略

地区定价策略可以根据产品销往不同的地区而制定不同的价格。这种定价策略考虑了不同地区的市场需求、竞争状况和成本等因素，旨在满足不同地区消费者的需求，以此提高市场份额和销售收入。但地区定价策略也存在一些缺点，例如可能会引起消费者不满和疑虑，增加管理和协调难度等。

7. 组合定价策略

组合定价策略指将多种商品组合在一起进行定价。在箱包鞋品上，一般来说企业不会只开发一个产品，而是同时开发一系列产品，在系列产品定价过程中，企业必须决定系列中不同产品的价格差别。

（三）箱包鞋品价格管理和调控

市场的情况是瞬息万变的，这就要求企业必须采取不同的营销策略，定价目标、定价方法也要不断调整，而并非使用单一的价格定位。价格变更一般分为主动调价和被动调价两种情况。

1. 主动调价

主动调价是指企业在生产经营过程中，根据市场环境和企业内部条件的变化，主动实施降价或涨价的行为。这种行为旨在主动调整产品的价格，以适应市场需求和竞争环境，保持价格的动态合理化。

主动调价一般采取提价策略和降价策略两种方法。提价策略通常是在企业产品成本上升、需求大于供给、产品独特性高、购买者对价格敏感度不高，以及企业想通过提价来改变其市场定位或者增强市场地位时使用的。在实施提价策略时需要注意市场需求、竞争状况、产品独特性、差异化程度等因素。

当遇到需求量下降、竞争对手降价、新加入者增多、产能过剩等情况，箱包鞋品企业可以考虑把原有产品价格降低，以适应市场环境和内部条件的变化。

2. 被动调价

被动调价是指由于竞争者的价格变化，而迫使企业调整价格。如果企业产品有自己的特色，有技术领先的优势，即可凭借优势调高价格或保持原有的价格水平。但是当对手价格降价幅度很大时，如果不适当降价就会失去大量市场份额，这时需要企业跟随降价以增加销量，但需要以维持企业原有利润为原则。

被动调价的具体表现方式为产品质量下降、减少广告支出、降低服务水平、延长产品保修期等。被动调价虽然可能帮助企业在短期内保持市场竞争力，但长期来看，会对企业的品牌形象和市场地位产生负面影响。

四、箱包鞋品的受众定位

商品的受众定位取决于多种因素，包括产品类型、目标市场、消费者需求和行为特征等。受众定位需要考虑消费者年龄、性别、职业、收入水平、生活方式、地域文化背景等多方面因素。不同年龄、不同性别、不同职业、不同地域文化的消费者对商品的需求和偏好也不同。例如，儿童和青少年可能更喜欢动漫图案的背包、发光鞋等个性产品，成年人则可能更注重实用的商业包、休闲包、家居包等。高收入人群可能更注重品质和品牌，低收入人群则可能更注重价格和实用性。

因此，品牌要提前了解目标受众的需求和喜好，包括他们的年龄、性别、职业、生活方式、收入水平等。这些信息可以通过市场调研、数据分析等手段获取。例如，针对商务人士设计的公文包需要具备装下笔记本电脑、文件和其他办公用品的功能。同时企业还要了解竞争状况，了解竞争对手的产品特点、价格策略和市场占有率等信息，以帮助企业确定自己的受众定位。

通过市场调研、数据分析等手段，企业还要知道消费者购买产品的原因、对产品的期望和购买习惯等，以此来确定产品的功能、品质、价格、外观等特点。当然，受众定位也并不是一成不变的，企业需要根据市场变化和消费者需求的变化，不断调整和完善受众定位，以保持市场竞争力和可持续发展。

五、箱包鞋品的区域定位

区域定位的核心在于对目标市场的深入了解和细分。企业要深入研究各区域市场的特点，如文化背景、消费习惯、经济发展水平等，以确定产品的目标市场和定位策略。针对不同区域市场的特点，制定差异化的产品策略和营销策略。本部分主要介绍箱包鞋品卖场的位置定位以及品牌选址定位策略。

（一）箱包鞋品卖场的位置定位

根据中国产业信息网的数据，中国箱包鞋品行业的市场规模约为 3000 亿元左右，占全球市场总规模的 10% 左右。根据其他数据，箱包鞋品在中国轻工消费品市场中占比达到 10% 以上，成为仅次于食品和服装的第三大消费品行业。箱包鞋品的区域定位主要取决于市场需求和目标消费群体的分布。

1. 城市中心

城市中心是商业活动最为集中的区域，也是消费者购物、社交和娱乐的主要场所。因此，箱包鞋品可以在城市中心的商场、百货公司、专卖店等店铺销售，以满足消费者对于时尚、品质和价格的需求。

2. 商业街和购物中心

商业街和购物中心是消费者购买商品的重要场所，特别是需要大量购买服装、鞋帽和配饰等商品时。在这些区域，箱包鞋品可以与服装、配饰等商品一同销售，或者在专门的箱包鞋品店铺销售，以吸引更多的消费者。

3. 居民区和社区商店

箱包鞋品还可以在社区商店、超市和便利店等地方进行销售。社区商店是消费者日常生活用品的主要购买场所，平价日常箱包及鞋品企业可考虑在此类位置设置卖场，用来满足消费者的日常需求。

（二）箱包鞋品类品牌选址定位策略

箱包鞋品类品牌选址定位策略是品牌成功的关键之一。选择开店位置时，对该位置周边环境进行综合分析与评估是必要的。例如一些品牌专卖店需要一定消费能力的客户群，周边顾客消费档次太高或太低都会影响生意好坏。因此，在评估时，可以对商圈现有店铺进行分析，观察店铺类型，消费客单价多少，客流量有多少，周边是否有车站、商业中心、学校、景点等。并非人员流动越多的地方就越好，箱包鞋类的品牌专卖店最好开设在大型商场或步行街道、购物中心等专属购物区域。

企业、居民区和市政的发展也会给箱包鞋品实体店带来更多的顾客，并使其在经营上更具发展潜力。在竞争环境的分析上，要避免直接与实力较强的竞争对手正面交锋，寻找市场空隙，专注于一个特定的市场或服务，制定差异化战略，以区别于竞争对手。另外，在客流量上，品牌选址定位要观察马路两边的行人流量，以行人较多的一边为好，还要接近人们聚集的场所，如电影院、公园等休闲娱乐场所附近或大型工厂、写字楼附近。

六、箱包鞋品的渠道策略

当企业生产出消费者需要的产品后，必须通过一定的渠道才能把产品销售给顾客。为了能在竞争激烈的市场中取得成功，箱包鞋品企业必须制定一套针对性强、适应性高的渠道策略。通过对营销渠道的有效管理、对市场趋势的敏锐洞察以及灵活多变的分销策略，才能够更好地满足消费者需求，提升品牌影响力。

（一）箱包鞋品营销渠道管理策略

箱包鞋品营销渠道管理策略是指企业根据市场需求和自身条件，结合渠道商和终端销售策略，对产品的销售渠道进行规划、组织、执行和控制的一系列活动。其目的是实现销售目标，提高市场占有率和盈利能力。箱包鞋品企业营销渠道管理的主要原则如下。

（1）渠道分工与合作原则。通过渠道分工使不同类型的渠道覆盖相应的细分市场，并强调营销链各环节间的优势互补和资源共享，以有效地获得系统协同效率，即提高分销效能，降低渠道运营费用。

（2）互惠互利原则。既要考虑如何降低渠道成本，又要考虑如何使经销商获利，并要尽可能使二者达成一致，实现互惠互利。

（3）渠道畅通原则。保证渠道的畅通无阻，一旦发现渠道受阻或效率低下，应立即调整渠道结构，消除渠道瓶颈。

（4）诚实守信原则。遵守诚实守信的原则就是要不欺骗客户、不偷税漏税、不恶意窜货等，树立良好的商业信誉。

（5）统一管理与分级管理相结合原则。建立统一的销售渠道管理制度，对各级经销商进行有效的管理和控制；同时根据不同地区的具体情况，实行分级管理。

（6）适度竞争与合理布局原则。对渠道成员进行合理的布局和适度的竞争，避免过度竞争导致的资源浪费和效益下降。

（7）长期合作与动态调整原则。企业应与经销商建立长期合作关系，共同开拓市场、提高产品质量和售后服务水平；还要根据市场变化和竞争状况，适时调整渠道策略和结构。

（8）有效监控与激励原则。对渠道成员进行有效监控，防止不良行为和违规操作；同时要建立激励制度，鼓励经销商积极拓展市场、提高销售业绩。

（9）适应性与创新性原则。不断适应市场的变化和需求，调整渠道策略和产品结构；积极探索新的渠道模式和营销手段，保持竞争优势。

（二）箱包鞋品营销渠道发展趋势

随着消费者购物行为的改变，线上线下的融合将成为箱包鞋品行业的重要趋势。企业需要建立完善的线上销售渠道，如官方网站、电商平台等，同时也要保持线下门店的服务水平，提供优质的购物体验。通过线上线下融合，企业可以实现全渠道销售，提高品牌知名度和市场占有率。箱包鞋品营销渠道也包括个性化定制，定制产业将成为箱包鞋品行业的重要发展方向之一。企业可以通过提供定制服务，满足消费者对产品颜色、款式、材质等方面的个性化需求。另外，随着大数据背景下跨境电商的兴起，箱包鞋品行业还可以通过跨境电商平台，将产品销售到海外市场。

环保理念的普及和消费者对环保意识的提高，使得绿色环保成为箱包鞋品行业的重要发展趋势。新零售模式是结合线上线下的全渠道销售模式，通过大数据、人工智能等技术手段，实现精准营销、个性化推荐等，箱包鞋品行业可以通过新零售模式，提高销售效率和服务质量。

（三）箱包鞋品分销渠道策略

分销渠道策略是指产品由生产者向最终消费者或用户流动所经过的途径及环节，是企业为实现其销售目标而制定的营销策略。它涉及产品或服务的流通方式、分销渠道的选择、分销渠道的建立以及管理等方面。对于分销渠道策略，企业可以采用分析市场和竞争环境、确定目标客户群体、选择合适的分销渠道、建立和管理分销渠道、制定合理的价格策略、提供优质的客户服务、制定促销策略、建立良好的品牌形象这几种方法来实现。

（四）常见箱包鞋品分销渠道

1. 批发商

批发商是指向生产企业购进产品，然后转售给零售商、产业用户或各种非营利组织，不直接服务于个人消费者的商业机构，位于商品流通的中间环节。批发商在箱包鞋品市场中扮演着重要的角色，他们通常拥有广泛的销售网络和渠道，能够将产品分销到不同的地区和领域。同时，批发商还负责提供售后服务和退换货服务，以确保客户的利益得到保障。因此，选择合适的批发商是企业在箱包鞋品市场中取得成功的关键之一。

2. 代理商

箱包鞋品代理商是一种专门从事箱包鞋品销售和代理业务的机构。他们与生产厂家或品牌商建立合作关系，获得代理权或经销权，然后将产品分销给零售商或消费者。代理商一般分为传统的批发商以及代理经营品牌类服饰的代理商。

代理商往往需要有一定的市场经验和销售网络，能够了解市场需求和竞争情况，并能够制定合理的销售策略和推广活动，以促进产品的销售和品牌的发展。

3. 线上销售

随着互联网的普及和电子商务的兴起，线上销售已经成为箱包鞋品销售的重要渠道之一。线上选购商品具有方便快捷、价格透明、款式丰富、个性化定制等优点，线上销售为箱包鞋品企业提供了广阔的市场空间和商业机会，但同时企业也要不断创新和完善，才能满足消费者的需求和期望。在线上销售方面，企业还需要优化网站设计、产品详情页、购物流程等环节，制定合理的价格策略，以吸引消费者并保持利润空间（图 5-9）。

图 5-9　箱包鞋类品牌线上官网

4. 专卖店

箱包鞋品专卖店是指专门经营箱包和鞋品的零售店铺。这些店铺通常以品牌或系列为单位，提供各种款式、颜色和尺寸的箱包和鞋品。其优势在于专注箱包鞋品，能够提供更加专业的产品知识和服务、能够更好地树立品牌形象和信誉、提供更好的品质保证、提供更加舒适的购物环境和体验。

5. 商城专柜

商城专柜是指在大型商场或购物中心内，专门经营箱包鞋品的柜台或店铺。这些专柜通常由品牌或商家设立，提供多样的商品供消费者选择和购买。商城专柜通常汇集了多个品牌或商家，消费者可以在一个地方比较和选择不同品牌的产品。

6. 服饰展览会

随着市场经济的发展，各种展览会越来越多，时尚类的展会在会展行业占比也越来越大，箱包鞋品展览会是一个集中展示箱包鞋品设计、制作和销售的平台，通常由行业协会或专业机构组织。在展览会上，参展商可以展示自己的产品，与潜在客户建立联系，扩大市场份额，提高品牌知名度。例如上海国际箱包展览会，汇聚了世界各地的顶尖品牌、设计师和创新力量。

七、箱包鞋品促销策略

在箱包鞋品营销活动中，企业同时承担着信息传播者和促销者的角色。产品促销的目的是向消费者传递生产者所提供的产品和服务信息，从而增加销售额。通过促销活动，还可以让更多的人了解和认识该品牌，提高品牌知名度。促销策略是市场营销组合的重要组成部分，也是企业营销策略的重要内容。

（一）促销组合策略

促销组合策略是指企业根据市场环境、目标消费者、竞争状况等因素，结合自身产品特点、品牌定位、营销目标等，制定的一系列促销策略和手段。这些策略和手段可以包括优惠价格、赠品、增值服务、金融服务、媒体公关及市场活动等。促销组合策略具有灵活性和多样性，可以根据实际情况进行灵活组合和调整，有效激发消费者的购买欲望，促进产品销量的增加。

（二）箱包鞋品广告

箱包鞋品广告可以理解为通过各种形式的广告创意和传播手段，向目标受众宣传箱包鞋类品牌、产品和服务的特点和优势，以吸引消费者的注意力和购买行为。适合箱包鞋类品牌的广告渠道包括社交媒体平台，如微博、微信、抖音等具有广泛的用户群体和强大的社交性，还包括视频平台、网络广告、线下活动、明星推广、内容营销、电子邮件营销、合作营销等（图 5-10）。

图 5-10　某箱包品牌明星推广

（三）箱包鞋品销售促进

销售促进是指企业运用各种短期诱因，鼓励购买或销售企业产品或服务的营销手段。销售促进的目标是增加产品或服务的知名度和曝光率，让更多的人知道产品或服务，并激发消费者的购买欲望和行动。销售促进的策略可以包括广告宣传、促销活动、赠品、折扣等，这些策略可以单独使用或组合使用，以达到最佳的销售效果。

第二节　箱包鞋品研发流程

在箱包鞋品行业中，研发流程是企业创新和竞争力的源泉。箱包鞋品研发是一个系统化、规范化的过程，涵盖了从创意构思到最终推向市场的全链条。

本部分将详细介绍箱包鞋品的研发流程，从材料选择与采购、产品创意构思到市场推出的全过程。深入探讨每个环节的关键要素，包括生产工序的组成、试用与验收等。

一、箱包鞋品生产工序的组成

箱包鞋品的生产工序因产品类型和生产流程的不同而有所差异。但一般来说，箱包鞋品的生产工序包括以下几部分。

（一）材料选择与采购

箱包鞋品的材料选择与采购是一个非常重要的环节，它直接影响到产品的品质和成本。必须根据产品设计和生产需求，选择合适的材料进行采购。在采购材料之前，要了解市场需求和价格情况，以确定合适的采购量和价格。同时还要选择具有良好信誉和质量的供应商，确保材料的质量和交货期（图 5-11、图 5-12）。

图 5-11　箱包面料选购

图 5-12　箱包辅料选购

（二）设计与打版

箱包鞋品的产品设计首先需要通过市场调研和分析，了解消费者对箱包鞋品的期望和需求，以及当前市场的流行趋势和未来发展方向。其次，根据调研情况确定设计主题和目标市场，设计师在进行箱包鞋品设计时要着重考虑产品的功能性，生产出符合消费者需求的优质产品。另外，完成设计后，需要制作样品并进行确认，样品制作是检验产品设计的重要环节，可以发现并解决潜在的问题和缺陷，当样品确认后，才可以进行批量生产（图 5-13、图 5-14）。

图 5-13　箱包设计图

图 5-14　鞋品设计图

箱包鞋品打版是根据设计图纸或样品，用纸格作材料，设计出箱包鞋品构成元件的形状，并在纸格元件上打上各种标记表示箱包鞋品制法的一项工作。

（三）裁剪与排料

裁剪工序即根据产品设计图纸或样品，确定裁剪的尺寸和形状。在确定裁剪图纸时，需要注意细节和线条的准确性。在裁剪完成后，需要对裁剪结果进行检查和修正（图 5-15）。

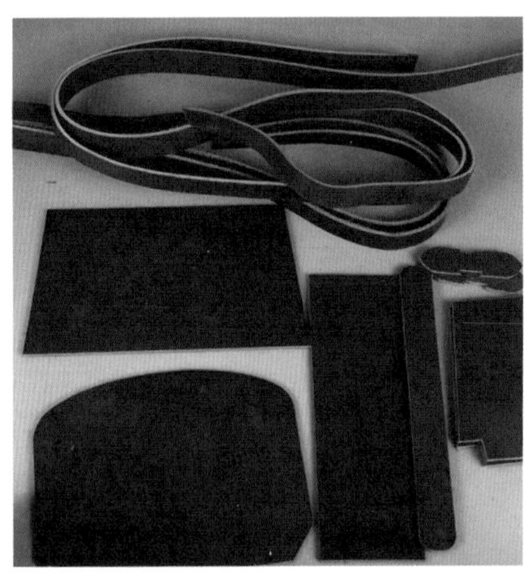
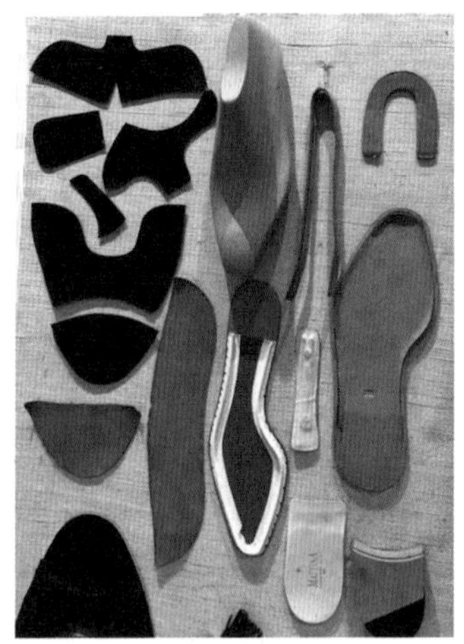

图 5-15　箱包鞋品皮料裁剪

箱包鞋品的排料是根据箱包部件样板的形状特点和对质量的要求，对面、辅料进行合理安排的过程。排料时一般要注意根据图纸确定所有部件的形状、尺寸、材料类型和颜色等信息，应考虑到材料的纹理、颜色、厚度等因素，以充分利用材料，减少浪费。

（四）缝制与组装

箱包鞋品的缝制与组装是制造过程中的关键环节，直接影响到产品的质量和耐用度。缝制即使用缝纫机或手工缝制工具，将裁剪好的皮料或布料按照设计要求进行拼接和缝合。在缝合过程中，要注意线的颜色和质地与材料相匹配，同时要保证缝合的强度和整齐度（图 5-16）。

缝制完成后需要将部件按照设计要求进行组装，如添加拉链、扣子、口袋等附件。在这个过程中，要注意各个部件的位置和角度，确保组装后的产品符合设计要求、各个部件之间的连接牢固可靠。

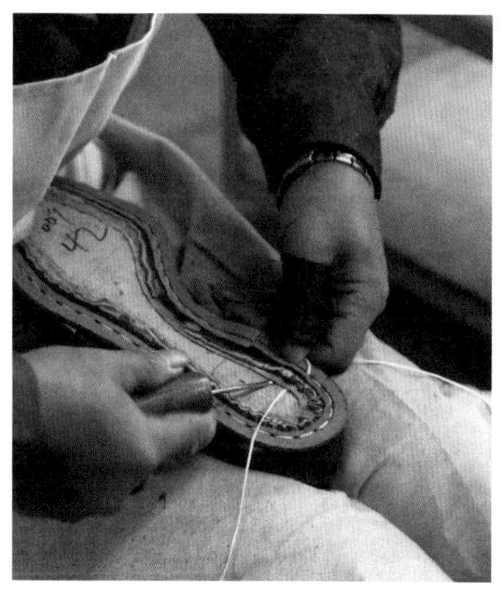

图 5-16　鞋品手工缝制

（五）质量检查与包装

箱包的质量检查需要从多个方面进行综合评估，主要包括以下几个方面。

（1）外观质量。外观质量即检查箱包表面是否平整，是否有气泡、龟裂、明显色差等现象，缝合线迹是否整齐、牢固、跳线、断线，拉链是否滑动顺畅，鞋底和鞋跟是否平整、光滑，无气泡、杂质等问题。

（2）尺寸。检查箱包鞋品的尺寸是否符合要求。可以使用测量工具进行精确测量，确保实际尺寸与设计要求相符。

（3）材质。检查箱包鞋品的材质，应选择符合质量要求的材料。

（4）缝合工艺。检查箱包鞋品的缝合工艺是否规范，缝合应平整、牢固，无明显瑕疵，不得有断线、跳线等现象，同时应注意缝线的密度和走向，确保缝线与箱包鞋品整体外观相协调。

（5）功能。检查箱包鞋品的功能是否正常，如拉链、扣件等部件是否牢固，拉链是否顺畅等。

（6）标识标志。检查箱包鞋品上的标识标志是否清晰、准确，包括商标、型号、规格、生产时间等信息。

（7）耐久性测试。对箱包鞋品进行长时间的使用或模拟使用，以检测其耐久性。

箱包鞋品的包装通常包括内外包装两种。外包装指的是保护内部产品免受外部环境的影响，如防水、防潮、防尘等。常用的材料包括纸盒、纸袋、塑料袋、布袋等。内包装指的是对产品本身进行保护，避免产品受到划伤、挤压的损害，常用的材料包括泡沫块、气泡袋、纸板等。鞋盒是鞋品外包装的一种常见形式，鞋盒通常由纸板或塑料制成，可以保护鞋子免受外部环境的影响（图 5-17）。

（六）仓储与物流

首先，在仓储方面，箱包鞋品的 SKU（最小存货单位）数量庞大，各种款式、颜色和尺码的组合导致 SKU 数以万计，分类和管理变得相当复杂。其次，箱包鞋品的储存对温度和湿度有特定要求，需要严格的仓库环境控制。

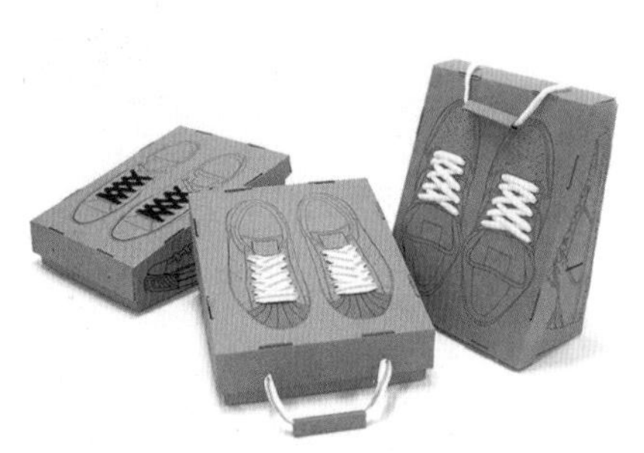

图 5-17　鞋品包装

因此，箱包鞋品企业需要采用先进的仓储管理系统，实现 SKU 的精细化管理，提高库存准确率。针对不同商品和销售渠道，要制定合理的库存计划和调拨策略，避免库存积压和缺货现象。同时加强仓库的温湿度控制和安全管理，确保商品的质量和安全（图 5-18）。

图 5-18　鞋品仓储

在物流方面，箱包鞋品仍然面临着各种挑战，由于物流网络覆盖范围广泛，为了满足客户的及时交付需求，需要提高物流效率和准确性。在运输过程中，也要避免商品受到损坏，箱包鞋品的包装和保护也需要注意。

针对物流的相关问题，可以通过建立高效的物流网络，优化运输路线和方式，提高物流效率和准确性来解决。也可以与可靠的物流服务商合作，保证货物的及时交付和运输安全。成本上可选择采用可循环使用的包装材料，以降低运输成本和环境污染。总之，箱包鞋品的仓储与物流需要具备高度的专业知识和技能。

二、箱包鞋品的试用与验收

箱包鞋品在试用和验收过程中，要严格遵守行业标准和合同约定，保护商品不受损坏，并及时处理不合格的产品，确保产品的质量和安全。在试用过程中，重点关注箱包鞋品的外观、尺寸、材质、功能等方面。例如，检查箱包是否有划痕、污渍、破损等现象，尺寸是否符合要求，鞋品的尺码是否合适、材质是否舒适耐用、功能是否正常等。

验收方法可以采用目视、手触、测量等进行验收。如通过目视检查箱包鞋品的外观是否有瑕疵，尺寸是否符合要求；通过手触感受材质是否舒适，功能是否正常；通过测量方法检查箱包鞋品的实际尺寸是否符合标准。

另外，在试用和验收过程中，需要注意以下几点。首先，要保证试用和验收的场地安全，避免发生意外事故。其次，要注意保护商品不受损坏，避免造成不必要的损失。最后，如果发现不合格的箱包鞋品，需要及时进行处理，避免影响正常的生产和销售。

第三节　箱包鞋品生产管理

箱包鞋品生产管理是确保产品质量、成本控制和按时交付的关键环节。市场竞争的加剧和消费者需求的多样化，使得生产管理也面临了诸多挑战。本部分涵盖箱包鞋品生产管理的各个方面，包括生产计划与过程控制、工艺制定与控制、质量管理与检验、企业生产成本控制与财务报表分析，以便更好地了解实现生产过程的精细化管理，提高生产效率和产品质量。

一、生产计划与过程控制

箱包鞋品的生产计划与过程控制涉及多个方面。制定生产计划是生产管理的首要环节，它决定了未来一段时间内企业的生产目标和生产任务。生产过程是生产计划的具体化表现，它规定了产品从原材料到成品的生产步骤和操作方法。物料需求计划是根据生产计划和生产过程，对原材料、零部件的需求进行预测和安排。根据物料需求计划和生产过程，可以将生产任务分配给各个生产部门和员工。监控生产进度是确保生产计划顺利实施的重要环节，通过监控生产进度，可以及时发现和解决生产过程中的问题。

在箱包鞋品的生产计划上共有以下几个关键步骤和考虑因素。①根据生产需求，确定原材料的种类、规格和数量，并安排采购（表 5-6）。②根据订单需求和库存情况，制定生产计划，确保生产计划合理可行（表 5-7）。③根据客户要求和设计图纸，制作样品，与客户确认样品质量和设计符合要求后，进入批量生产阶段。④生产过程控制，在生产过程中按照规范进行操作，并对各个工序进行质量检查（表 5-8）。⑤成品检验与入库，成品箱包或鞋品需进行检验，确保符合质量标准和客户要求。对于不合格的产品，进行返工或报废处理，合格的产品则进行包装入库，等待发货。⑥物流与发货，根据客户要求和运输方式，安排物流发货。⑦售后服务与客户关系管理，对于出现问题的产品，及时与客户沟通并处理售后问题。

表 5-6　某公司生产通知单

品名：					填写日期：			
生产说明								
零件说明	规格	用量	零件名称	规格	用量	零件名称	规格	用量
备注						完成日期		
						数量		
						厂长意见		

表 5-7　某公司生产计划记录表

序号	订单号	产品	生产单位	生产达成率	项目	1	2	3	4	5	6	7	8	9
1	A1025-1	产品1	A单位	100.30%	生产计划	100	100	100		100	100	100		100
					完成数量	88	97	86		105	99	76		102
2	A1025-2	产品2	B单位	99.72%	生产计划	500	500	500		500	500	500		500
					完成数量	506	481	496		512	488	489		500
3	A1025-3	产品3	C单位	99.57%	生产计划	800	800	800		800	800	800		800
					完成数量	795	766	789		806	801	800		800
4		产品4			生产计划									
					完成数量									
5		产品5			生产计划									
					完成数量									
6		产品6			生产计划									
					完成数量									

表 5-8　某公司生产进度控制表

编号：　　　　　　　　　　　　　预计日程：

产品名称				生产数量			本计划负责人		
作业步骤		负责部门	承包厂商	预计日程		进度审核及调整记录	开工日	完工日	验收
1									
2									
3									

续表

<table>
<tr><td colspan="2">产品名称</td><td colspan="2"></td><td colspan="2">生产数量</td><td></td><td colspan="2">本计划负责人</td><td></td></tr>
<tr><td colspan="2">作业步骤</td><td>负责部门</td><td>承包厂商</td><td colspan="2">预计日程</td><td>进度审核及调整记录</td><td>开工日</td><td>完工日</td><td>验收</td></tr>
<tr><td>4</td><td></td><td></td><td></td><td></td><td></td><td></td><td></td><td></td><td></td></tr>
<tr><td>5</td><td></td><td></td><td></td><td></td><td></td><td></td><td></td><td></td><td></td></tr>
<tr><td>6</td><td></td><td></td><td></td><td></td><td></td><td></td><td></td><td></td><td></td></tr>
</table>

二、工艺制定与控制

工艺制定是指在箱包鞋品生产过程中，根据产品设计、材料特性和生产要求，制定出合理的工艺流程和操作规范，包括机器、操作手法、生产顺序等方面的确定。工艺控制是指在生产过程中，对工艺流程和操作规范进行执行、监控和调整。工艺制定与控制是箱包鞋品生产管理中的核心环节，直接关系到产品质量和生产效率，合理的工艺制定与控制可以降低生产成本，提高企业的盈利能力。严格的工艺控制可以确保产品符合客户的质量要求，维护企业的品牌形象和声誉，更能有效提高企业的创新能力和市场竞争力。样品版单是设计师在确定产品工艺构思的重要表现形式，为版师打样提供了重要参考依据（表 5-9）。

表 5-9　某公司箱包样品版单

<table>
<tr><td colspan="12">样品版单</td></tr>
<tr><td>客户</td><td></td><td>对接人</td><td></td><td>版师</td><td colspan="2"></td><td colspan="2">下单日</td><td></td><td>交样日</td><td></td></tr>
<tr><td>品名</td><td></td><td>编号</td><td></td><td>数量</td><td colspan="2"></td><td colspan="3">尺寸</td><td></td><td></td></tr>
<tr><td colspan="9" rowspan="13"></td><td>宽</td><td></td><td></td></tr>
<tr><td>高</td><td></td><td></td></tr>
<tr><td>厚</td><td></td><td></td></tr>
<tr><td>肩带高</td><td></td><td></td></tr>
<tr><td>肩带宽</td><td></td><td></td></tr>
<tr><td>手腕高</td><td></td><td></td></tr>
<tr><td>手腕宽</td><td></td><td></td></tr>
<tr><td>贴袋尺寸</td><td></td><td></td></tr>
<tr><td></td><td></td><td></td></tr>
<tr><td></td><td></td><td></td></tr>
<tr><td></td><td></td><td></td></tr>
<tr><td></td><td></td><td></td></tr>
<tr><td></td><td></td><td></td></tr>
<tr><td colspan="4">物料</td><td colspan="3">辅料</td><td colspan="3" rowspan="3"></td><td colspan="2">外加工</td></tr>
<tr><td>主料</td><td>次料A</td><td>次料B</td><td>里布</td><td colspan="2" rowspan="2"></td><td rowspan="2"></td><td colspan="2" rowspan="2"></td></tr>
<tr><td></td><td></td><td></td><td></td></tr>
</table>

（一）工艺方案制定的主要内容

箱包鞋品企业在制定工艺方案时，需要考虑以下几个主要内容。

（1）客户需求分析。了解客户对箱包鞋品的需求和要求，包括使用习惯、功能需求、外观美观等，这是制定工艺方案的重要参考。

（2）产品设计。根据客户需求和市场调研，进行产品设计。

（3）材料选择。根据产品设计，选择合适的材料。

（4）制定工艺流程。根据产品设计和材料选择，制定工艺流程。

（5）制定工艺标准。针对每个工艺步骤，制定详细的工艺标准。工艺标准应该包括操作步骤、参数设置、注意事项等。

（6）确定质检方案。在制定工艺方案时，需要考虑到质检方案。

（7）优化工艺方案。在实际生产过程中，要不断地对工艺方案进行优化和改进。优化方向可以包括提高生产效率、降低成本、提高产品质量等。

（8）培训员工。在制定工艺方案后，要对员工进行培训。

（二）我国箱包鞋品行业产品技术标准

1. 我国箱包的行业标准

我国现行箱包的行业标准主要有:《旅行箱包》（QB/T 2155—2004）及《背提包》（QB/T 1333—2018）、《箱包五金配件　走轮耐磨试验方法》（QB/T 2917—2007）、《箱包　落锤冲击试验方法》（QB/T 2918—2007）、《箱包　拉杆耐疲劳试验方法》（QB/T 2919—2018）、《箱包　行走试验方法》（QB/T 2920—2018）、《箱包　跌落试验方法》（QB/T 2921—2007）、《箱包　振荡冲击试验方法》（QB/T 2922—2018）等，可根据产品是否符合这些标准来确认产品的质量（表5-10）。

表 5-10　某公司箱包工艺及检查表

目录	细节	文件
1. 产品生产工艺	（1）选料（面料、内里）（如有印刷刺绣的，选出主面料前要先进行印刷或者刺绣） （2）选辅料（金属配件、车线、肩带、拉链等） （3）车缝 （4）装配配件 （5）包边 （6）产品休整 （7）自检 （8）修复 （9）包装	无

续表

目录	细节	文件
2. 检验的步骤	（1）收到MIS（管理信息系统）的验货通知 （2）获取验货资料 （3）资料学习与仪器检查工作 （4）首次会议 （5）廉正公告签署 （6）产品数量的核对 （7）抽样方案的确定 （8）抽箱过程 （9）唛头核对 （10）箱规/瓦楞纸检查/箱重 （11）检查配比 （12）抽取检验样本 （13）核对验货所用的仪器 （14）内包装检查 （15）核对资料，核对样板，款式，说明书 （16）核对颜色（色差判断） （17）核对标签，吊牌 （18）对抽样，对箱唛等拍照 （19）手工检验，缺陷发现 （20）缺陷记录和统计	SOP（标准作业程序文件）
3. 通用测试	（1）条形码可读性检查（5 个样品） （2）纸箱数量检查（1 个纸箱） （3）纸箱尺寸检查（1 个纸箱） （4）纸箱毛重检查（1 箱） （5）运输跌落试验	GW（网关文件）

我国标准信息公共服务平台对于鞋品的行业标准规定了箱包的产品分类、要求、试验方法、检验规则和标志、包装、运输、储存等要求。这些标准适用于以各种皮革、人造革、合成革、塑料、纺织物和金属材料等为主要材料制作的各种旅行箱包产品。对箱包从材料、外观、尺寸、安全性、耐用性方面提出了以下相关要求。

（1）材料要求。箱包的材料应具有较好的耐磨性、耐折弯性、耐寒性和抗冲击性能，材料应符合国家相关标准要求。

（2）外观要求。箱包的外观应平整光滑，无明显的瑕疵和缺陷。缝合线应均匀整齐，无跳针、断线等现象。箱包的拉链和锁具等配件应安装牢固，使用方便。

（3）尺寸要求。箱包的尺寸应符合相关规定，如轮式旅行箱包的轮子直径不应超过 50mm 等。

（4）安全性要求。箱包应配备符合国家相关标准的锁具和拉链等配件。

（5）耐用性要求。箱包应经过一定的耐久性测试，如背带、提把、侧拉带的负重测试、轮子转动测试等。

2. 我国鞋品的行业标准

我国对于鞋品的行业标准主要有以下几个。

（1）《鞋类　鞋垫试验方法　静态压缩变形》（GB/T 43549—2023）。该标准描述了鞋垫静态压缩变形的试验方法。

（2）《儿童鞋安全技术规范》（GB 30585—2014）。如果是儿童鞋，就需要遵守该标准的要求，来确保产品对儿童的安全性。

（3）《国家纺织产品基本安全技术规范》（GB 18401—2010）。对于鞋品中使用的材料，如织物、橡胶等，需符合该标准的要求，来确保产品符合国家纺织品安全标准。

（4）《老人鞋》（GB/T 43587—2023）。该标准规定了老人鞋的技术要求、结果测定、检验规则、包装、运输及贮存要求，描述了相应的试验方法。

此外，还可能需要进行一些特定的测试和报告，例如材料的抗滑性能测试、化学物质含量测试等。

三、质量管理与检验

对于箱包鞋品行业而言，质量是消费者选择的重要依据。因此，质量管理与检验是每个企业必须重视的环节。通过有效的质量管理与检验，企业可以确保产品的高品质，提升消费者满意度，树立良好的品牌形象。本部分主要介绍箱包鞋品的质量管理与检验，帮助读者了解如何建立完善的质量管理体系，确保产品质量的可靠性和一致性。

（一）箱包鞋品质量管理

箱包鞋品质量管理是指通过建立质量管理体系、制定标准和规范、采取质量检测和监控措施等，对箱包鞋品的生产过程和产品质量进行全面管理和控制。箱包鞋品质量管理对于企业来说具有非常重要的意义和重要性。建立完善的质量管理体系和标准，加强员工培训和管理，优化生产流程和控制措施等，可以提高企业产品质量和服务水平，增强企业的市场竞争力和社会责任感。表 5-11 为某公司产品质量管理周报表。各天合格率数据和不良项目数据见图 5-19、图 5-20。

质量管理体系包括制定质量方针、目标、计划、标准、规范等，以及建立质量检测和监控体系，确保产品质量符合要求。质量检测和监控是对生产过程中的各个环节进行实时监测和评估，及时发现和解决问题。

表 5-11　某公司产品质量周报表

品名	日期 星期	2019年3月25日 星期一	2019年3月26日 星期二	2019年3月27日 星期三	2019年3月28日 星期四	2019年3月29日 星期五	2019年3月30日 星期六	2019年3月31日 星期日	合计
××产品	检验批	200	200	200	200	200	200	200	1400
	合格批	198	190	193	197	192	188	192	1350
	目标合格率	100%	100%	100%	100%	100%	100%	100%	100%
	实际合格率	99.0%	95.0%	96.5%	98.5%	96.0%	94.0%	96.0%	96.4%

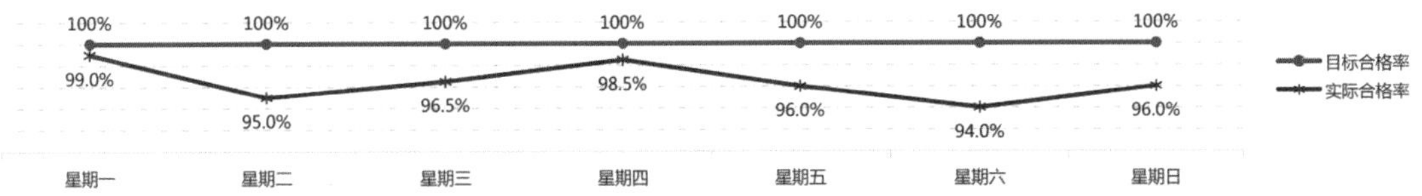

图 5-19　各天合格率数据

序号	不良项目	数量	不合格率	累计不合格率
1	A	50	24.63%	24.63%
2	B	43	21.18%	45.81%
3	C	35	17.24%	63.05%
4	D	26	12.81%	75.86%
5	E	20	9.85%	85.71%
6	F	15	7.39%	93.10%
7	G	9	4.43%	97.54%
8	H	5	2.46%	100.00%
合计		203	100.00%	100.00%

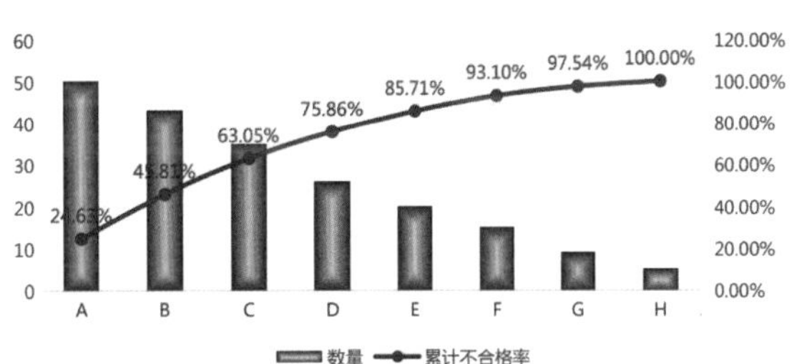

图 5-20　不良项目数据

（二）箱包鞋品质量检验

质量检验是指对产品的一个或多个质量特性进行测量、检查、试验、度量，并将结果与规定的质量要求进行比较，以确定每项质量特性合格情况的技术性检查活动。质量检验除了外观、尺寸、功能、缝合强度等方面，还包括材料检验、工艺流程检验和最终检验等不同阶段。材料检验主要对箱包鞋品所使用的原材料进行检验，工艺流程检验则是对生产过程中的各个环节进行检验，最终检验则是对成品进行全面检验。表 5-12 是某公司产品生产的抽查汇总表。

表 5-12　某公司产品生产抽查汇总表

产品名称	抽查数量	合格数量	合格率
产品名称1	60	58	97%

续表

产品名称	检验项目	检验		
		日期	检验员	抽查数量
产品名称1	项目1	6月1日	XXX	60
产品名称2	项目2	6月2日	XXX	61
产品名称3	项目3	6月3日	XXX	62
产品名称4	项目4	6月4日	XXX	63
产品名称5	项目5	6月5日	XXX	64
产品名称6	项目6	6月6日	XXX	65

箱包鞋品企业的质量检验项目通常包括以下几个方面。

（1）外观质量：检查产品的外观是否符合要求。

（2）尺寸精度：检查产品的尺寸是否符合要求。

（3）功能性测试：检查产品的功能性是否正常。

（4）缝合强度：检查产品的缝合质量。

（5）配件质量：检查产品所使用的配件是否符合要求。

（6）耐摩擦色牢度：检查产品在使用过程中是否容易掉色或磨损。

（7）耐光照色牢度：检查产品在光照条件下的颜色稳定性。

（8）甲醛含量：检查产品中甲醛等有害物质的含量是否符合相关标准。

（9）五金配件耐腐蚀性：对于箱包上的五金配件，需要检测其耐腐蚀性。

（10）拉链平拉强力：对于箱包和背包上的拉链，需要进行平拉强力测试。

（三）箱包鞋品质量成本管理

质量成本是指企业为确保产品质量而投入的所有资源，包括原材料成本、生产成本、检测成本、退货成本、赔偿成本等。质量成本的发生具有一定的概率，但并不是一个确定的值。在生产过程中，企业需要投入一定的人力、物力和财力来确保产品质量，但这些投入并不一定会产生预期的效果。例如，生产过程中可能会出现一些缺陷产品，需要进行修复或报废处理，这些成本就属于质量成本。同时，企业为了确保产品质量而进行的各种检测和实验也会产生一定的成本。

质量成本的发生概率取决于多个因素，如生产工艺、材料质量、生产环境、员工技能和质量控制等。如果这些因素都处于稳定状态，那么质量成本的发生概率就会相对较低。但实际上，这些因素都可能发生变化，如原材料质量的不稳定、生产环境的波动、员工技能的提高等，这些变化都会导致质量成本的发生概率造成变化。为了降低质量成本，企业需要采取一系列措施来提高产品质量和降低质量风险（表5-13、表5-14）。

箱包鞋品质量成本管理是一个复杂的过程，需要从多个方面进行控制和管理。

表5-13 质量成本控制与管理

质量成本控制环节	具体措施
采购环节	（1）确保采购的原材料和零部件符合质量标准 （2）建立供应商评估和选择机制 （3）建立采购合同审查机制
生产环节	（1）制定生产工艺流程和操作规程，明确每个生产步骤的质量要求和操作方法 （2）建立生产过程中的质量检测机制，对每个生产环节进行质量检测 （3）建立生产过程中的不良品处理机制
成品检测环节	（1）建立成品检测机制，对生产出的箱包鞋品的成品进行质量检测 （2）建立不合格成品处理机制
质量成本核算环节	（1）明确质量成本的范围和构成 （2）建立质量成本核算方法 （3）分析质量成本数据
持续改进环节	（1）建立持续改进机制 （2）实施持续改进措施 （3）对持续改进成果进行评估和反馈

表5-14 某公司生产物料采购计划表

序号	物料名称	规格型号	上旬	中旬	下旬	本月计划总用量	库存数
1	甲	A001	100	200	100	400	60
2	乙	A002	150	250	150	550	43
3	丙	A003	100	200	100	400	27
4	丁	A004	100	200	150	450	13
5	戊	A005	150	200	150	500	49
						—	
						—	
						—	
						—	
						—	
						—	
						—	
						—	

四、企业生产成本控制与财务报表分析

企业生产成本控制与财务报表分析不仅关乎企业的盈利能力，更是企业决策的关键依据。通过有效的生产成本控制，企业能够降低成本、提高利润空间；而精准的财务报表分析则有助于揭示企业经营状况，预测未来趋势。了解认识企业生产成本控制与财务报表分析，有助于企业提升盈利能力、降低风险，实现可持续发展。

（一）箱包鞋品企业生产成本计算

企业生产成本也称为生产成本或制造成本，是指在生产过程中为制造产品或提供劳务而发生的各项支出。这些支出包括与生产过程直接相关的原材料、人工费用、设备折旧、能源消耗等直接成本，以及与生产过程间接相关的管理费用、销售费用等间接成本。箱包鞋品企业的生产成本主要包括原材料、生产过程、人工费用等，箱包鞋品企业在计算生产成本时应考虑表 5-15 中的几个方面。

表 5-15　生产成本计算表

生产成本类别	说明
原材料成本	原材料成本是箱包鞋品生产中最主要的成本之一，包括面料、里料、五金配件等
生产过程成本	生产过程成本包括生产过程中的各项费用，如水电费、租赁费、机器设备折旧费等
人工费用	人工费用包括员工的工资、福利、社会保险等费用。企业可以根据员工的工作时间、工资标准和相关福利来计算人工费用
制造费用	制造费用包括生产过程中产生的间接费用，如维修费、物料消耗等
综合成本	综合成本是原材料成本、生产过程成本、人工费用和制造费用等成本的总和
利润率	利润率是企业赚取的收益与成本之间的比例

（二）箱包鞋品企业生产成本控制

1. 企业生产成本控制的意义

企业合理控制生产成本可以提高企业经济效益。通过有效的成本控制，企业可以降低生产成本，提高盈利能力。另外，低成本生产意味着企业能够以更具有竞争力的价格销售产品或提供服务，从而获得更多的市场份额和竞争优势。其次，通过合理的成本控制，企业能够优化资源配置，提高资源利用效率，实现可持续发展。有效的成本控制还有助于企业降低环境污染、资源浪费等不良影响，增强社会责任感，实现经济效益和社会效益的有机统一。

2. 企业生产成本控制的原则

企业生产成本控制应遵循以下原则。

（1）全面控制原则。企业应从产品设计、生产、销售等全流程进行成本控制，并将成本控制理念贯穿于企业生产经营的各个环节。

（2）目标明确原则。成本控制的目标应该明确、具体，可操作性强。

（3）责权利相结合原则。企业应建立成本控制责任制，明确各部门的职责和权利，并将成本控制目标与员工的绩效挂钩，以实现有效的成本控制。

（4）因地制宜原则。不同行业、不同规模甚至同一企业的不同发展阶段，其管理重点、组织结构、管理风格、成本控制方法和奖金形式都应当有区别。

（5）事前控制原则。企业应在成本发生前进行预测和规划，制定合理的成本控制计划。

（6）持续改进原则。企业应不断分析成本控制过程中的问题，持续改进成本控制方法和管理制度。

（7）激励与约束相结合原则。企业应建立激励制度，鼓励员工积极参与成本控制，同时强化约束机制，对超出预算或浪费资源的部门或个人进行惩罚。

（8）合法合规原则。企业成本控制必须符合国家法律法规和会计准则等相关规定，不能为追求降低成本而违反相关规定。

3. 企业生产成本控制的方法

企业常用的控制生产成本的方法有如下几种。

（1）优化生产流程。分析生产流程中的瓶颈和浪费，采取改进措施，提高生产效率和质量。

（2）改善设备效率。定期维护和保养设备，提高设备的使用效率和寿命，降低维修成本。

（3）提高员工效率。定制培训和激励措施，提高员工的工作技能和工作积极性。

（4）降低原材料成本。优化原材料采购、储存、使用等环节的管理，降低原材料成本。

（5）优化库存管理。合理规划库存水平，避免库存积压和过多备货。

（6）强化预算管理。制定合理的预算计划，控制成本开支，确保企业经济效益。

（7）引入信息化技术。采用信息化技术，如 ERP（企业资源计划）、CRM（客户关系管理）等，优化管理流程，提高管理效率，降低管理成本。

（8）节约能源消耗。采用节能技术和措施，降低能源消耗，减少能源成本。

（9）调整产品结构。优化产品结构，提高产品质量和附加值。

（10）强化质量管理。建立完善的质量管理体系，提高产品质量水平，减少废品率和维修成本。

（三）箱包鞋品企业财务报表分析

1. 企业财务报表的概念

企业财务报表是反映企业一定时期资金、利润状况的会计报表，通常包括资产负债表、损益表、现金流量表或财务状况变动表、附表和附注。这些报表是财务报告的主要部分，不包括董事报告、管理分析及财务情况说明书等列入财务报告或年度报告的资料。

企业财务报表的组成通常包括资产负债表、利润表、现金流量表和所有者权益表等。

（1）资产负债表。资产负债表是反映企业在某一特定日期财务状况的报表。它列示了资产、负债和所有者权益各项目的总额，通常以一定的分类标准和一定的顺序，把企业一定日期的资产、负债和所有者权益各项目予以适当排列（表5-16、表5-17）。

表5-16　某公司资产负债表（账户式）

资产	金额	负债及所有者权益	金额
流动资产		流动负债	
非流动资产		非流动负债	
—		负债合计	
—		所有者权益	
—		所有者权益合计	
资产总计		负债及所有者权益总计	

表5-17　某公司资产负债表（报告式）

资产类	金额	负债及所有者权益	金额
流动资产		流动负债	
非流动资产		非流动负债	
—		负债合计	
—		所有者权益	
—		所有者权益合计	
资产总计		负债及所有者权益总计	

（2）利润表。利润表是反映企业在一定会计期间的经营成果的报表。它是一段时间内公司经营业绩的财务记录，反映了这段时间的销售收入扣除成本后的利润，其编制原理是“收入-费用＝利润”。

（3）现金流量表。现金流量表是反映一定时期内现金流入和流出的报表，记录企业在过去一段时间内现金的流入流出情况，以及现金的来源和用途。

（4）所有者权益变动表。所有者权益变动表是反映企业本期（年度或中期）内至截至期末所有者权益变动情况的报表。它主要反映的是股东权益如何随着经营成果的变化而变化的，即在一个会计期间里，股东权益因为股利发放或资本集资而发生变化。

2. 企业财务报表分析的方法

财务报表分析的方法有很多种，箱包鞋品企业常用的财务报表分析法包括结构分析法、趋势分析法、因素分析法、比较分析法、定量分析法、定性分析法等（表 5-18）。

表 5-18　财务报表分析方法

方法类别	说明
结构分析法	又称为垂直分析法、纵向分析法或者共同比分析法，侧重于报表内部各项目之间的比例关系，反映企业的经济内容，推测企业价值
趋势分析法	又称为水平分析法或者横向分析法，根据企业连续几年的财务报表，比较有关项目的数额，求出金额和百分比增减变化的方向和幅度，预测企业的财务状况和经营成果的变动趋势
因素分析法	揭示经济指标变化的原因，测定各个因素对经济指标变动的影响程度的分析方法。它又可具体划分为主次因素分析法、因果分析法及连环替代法等
比较分析法	将企业财务报表中的有关项目与其他企业的同类项目，或以计划或预算中的有关指标进行对比，以分析和评价企业财务状况和经营成果
定量分析法	利用数学模型对企业财务状况和经营成果的数量变动及变动影响因素进行分析，以说明和评价企业财务状况和经营业绩的一种定量分析方法
定性分析法	在定量分析的基础上，结合有关非财务指标进行定性分析的一种方法，以进一步说明和评价企业财务状况和经营业绩

参考文献

[1] 徐懿. 服饰配件设计与制作 [M]. 北京：中国纺织出版社有限公司，2022.

[2] 曲媛，周露露，马唯. 服装配饰艺术设计 [M]. 长春：吉林美术出版社，2015.

[3] 王立新. 箱包设计与制作工艺 [M]. 2 版. 北京：中国轻工业出版社，2014.

[4] 李雪梅. 现代箱包设计 [M]. 重庆：西南师范大学出版社，2009.

[5] 曾琦. 包袋设计基础 [M]. 北京：中国轻工业出版社，2018.

[6] 李春晓. 时尚箱包设计与制作流程 [M]. 北京：化学工业出版社，2017.

[7] 杨以雄. 服装市场营销 [M]. 上海：东华大学出版社，2015.

[8] 范铁明. 服装品牌营销与市场策划 [M]. 重庆：重庆大学出版社，2010.

[9] 宁俊. 服装生产经营管理 [M]. 北京：中国纺织出版社，2014.

[10] 李正. 服装学概论 [M]. 2 版. 北京：中国纺织出版社，2014.